生物機械工学

数理モデルで生物の不思議に迫る

伊能 教夫【著】

コロナ社

ま　え　が　き

　「生物機械工学」は，生物の形や動きについて機械工学的な観点から調べる学問である。魚の遊泳や鳥の飛翔は，じつに魅力的である。なぜ，あのように華麗に泳いだり飛んだりできるのだろうか。魚や鳥の巧みな動きを人工的に実現できたら，さぞかし楽しいに違いない。このような素朴な好奇心や夢が「生物機械工学」の原点といえる。

　その意味でレオナルド・ダ・ヴィンチは，生物の仕組みを機械工学の視点で捉えた先駆者である。彼の描いた人間や動物の解剖図には，生物を力学的に捉える発想が見て取れる。レオナルドの時代から500年の月日が流れた。工学技術は飛躍的に発展し，われわれの生活はすこぶる便利になった。生物の形や機能はミクロレベルでの議論が可能になった。細胞一つひとつの挙動も調べられるようになった。

　しかし，われわれが暮らしているマクロレベルの世界に立ち返ってみると，説明が難しい事柄もたくさん残っている。例えば，本書で紹介する基礎代謝率の法則性も十分な説明ができていない。生物を総合的に理解するには，ミクロレベルとマクロレベルの二つの方向の探求が必要であると考えている。

　本書は，生物機械工学の入門書ではあるが，工学的視点から見えてくる生物特有の特徴を紹介することを主眼に置いた。解析的な記述では，大学初学年でも学べるようにできるだけ平易に説明することを心がけた。また，本書で扱う内容は生物機械工学の原点に戻って「おもしろい」と感じる事項を先人達の研究報告を中心に筆者の判断で選んだ。このため，読者によっては内容に偏りがあると感じるかもしれないが，この点はお許しいただきたい。生物を機械工学的観点から眺めてみるという，楽しさと難しさを味わっていただけたら幸いである。

　2018年9月

伊能 教夫

本 書 の 構 成

　本書は全11章からなり，第1章「概論」から始まって大きく四つの流れになっている。前半部（第1〜5章）で生物の形に関する特徴について順を追って説明している。後半部（第7章以降）は，それ以外の生物的特徴を紹介している。もちろん，興味のある章から読んでいただいて結構である。

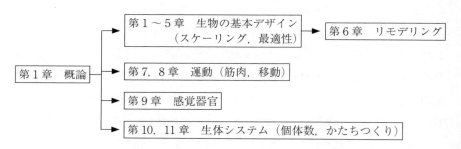

目　　　次

第1章　概　　　論

1.1　生物機械工学が扱う研究対象 ·· 1

1.2　数理モデルについて ·· 3

1.3　生物機械工学で扱う具体例 ·· 5

　1.3.1　樹木の枝分かれ ·· 5

参考 1.1：はりの材料力学 ·· 9

　1.3.2　動物の跳躍高さ ·· 12

　1.3.3　馬　の　歩　行 ·· 16

コラム 生物に学ぶことは役に立つか？ ·· 17

植物の七不思議 その1：枝の断面形状 ·· 18

演　習　問　題 ·· 19

引用・参考文献 ·· 20

第2章　スケーリングと次元解析

2.1　スケーリングとアロメトリー ·· 22

2.2　骨の長さと直径のスケーリング ·· 24

2.3　基　礎　代　謝　率 ·· 26

2.4　鼓動のスケーリング ·· 28

2.5　寿命のスケーリング ·· 29

2.6　次　元　解　析 ·· 30 iv 目 次

植物の七不思議 その2：枝の形状 ·· 33

演 習 問 題 ·· 34

引用・参考文献 ·· 35

第3章　0.75乗則をめぐる議論

3.1　弾性相似則モデルによる0.75乗則の導出 ······························ 37

3.2　生体組織の自己相似性に着目した学説 ·································· 42

参考 3.1：オイラーの座屈条件について ·································· 47

参考 3.2：フラクタルについて ·· 48

参考 3.3：式 (3.20) の説明 ·· 49

演 習 問 題 ·· 50

引用・参考文献 ·· 51

第4章　血管の分岐

4.1　血管の3乗則 ·· 53

4.2　血管の分岐角度 ·· 56

4.3　血管の適応フィードバック ··· 58

参考 4.1：$P_m = \Delta pf$ と表せる理由 ·································· 61

参考 4.2：ハーゲン・ポアズイユ流れの導出 ·························· 61

植物の七不思議 その3：樹皮の修復 ·· 63

演 習 問 題 ·· 64

引用・参考文献 ·· 64

第5章　長骨の厚さに関する最適性

5.1　長骨の幾何学的関係 ·· 65

目　　　次　　　v

5.2　骨強度を基準にした最適値 ……………………………………… 68

5.3　たわみ量を基準にした最適値 …………………………………… 71

5.4　衝撃荷重を基準にした最適値 …………………………………… 72

植物の七不思議 その4：根の力学的適応 ………………………… 74

演　習　問　題 ………………………………………………………… 75

引用・参考文献 ………………………………………………………… 76

第6章　生体組織のリモデリングと数理モデル

6.1　生体組織のリモデリング ………………………………………… 77
　6.1.1　骨のリモデリング ………………………………………… 78
　6.1.2　血管，筋肉，神経，樹木のリモデリング ……………… 81
　6.1.3　リモデリングのまとめ …………………………………… 82
6.2　生体組織のリモデリングに着目した数理モデル ……………… 83
　6.2.1　骨に学んだモデル ………………………………………… 83
　6.2.2　シミュレーション手法 …………………………………… 84
　6.2.3　ローカルルールによるシステムの挙動 ………………… 86
　6.2.4　位相構造の生成シミュレーション ……………………… 87
植物の七不思議 その5：太陽光への適応 ………………………… 90

演　習　問　題 ………………………………………………………… 90

引用・参考文献 ………………………………………………………… 92

第7章　筋肉の力学特性

7.1　筋　肉　の　種　類 ………………………………………………… 94

参考 7.1：速筋と遅筋 …………………………………………………… 96

7.2　筋肉の力学特性 …………………………………………………… 96

7.3　筋肉が発揮するパワー …………………………………………… 98

7.4　筋肉の効率について ……………………………………………… 99

vi　目　　　次

7.5　DCモータとの特性比較 ……………………………………… *101*

演　習　問　題 ………………………………………………………… *102*

引用・参考文献 ………………………………………………………… *102*

第8章　生物の移動

8.1　移　動　仕　事　率 …………………………………………… *103*

8.2　移動仕事率の簡単な計算例 …………………………………… *105*

8.3　歩行時の消費エネルギーを決める二つの要素 ……………… *107*

8.4　実験に基づく歩行時の移動仕事率 …………………………… *108*

8.5　なぜ最適な速度が存在するのか ……………………………… *109*

8.6　実験式の妥当性の検討 ………………………………………… *111*

参考 8.1：慣性モーメント ……………………………………… *115*

植物の七不思議 その6：頂上の覇権争い ……………………… *116*

演　習　問　題 ………………………………………………………… *116*

引用・参考文献 ………………………………………………………… *117*

第9章　生物の感覚器官

9.1　感覚器とセンサ ………………………………………………… *118*

9.2　光と音の物理量について ……………………………………… *119*

　9.2.1　光に関する単位 …………………………………………… *119*

　9.2.2　音に関する単位 …………………………………………… *121*

9.3　人間の感覚器官 ………………………………………………… *122*

　9.3.1　人　間　の　視　覚 ……………………………………… *122*

　9.3.2　人　間　の　聴　覚 ……………………………………… *126*

　9.3.3　人　間　の　触　覚 ……………………………………… *128*

9.4　昆虫の感覚器官 ………………………………………………… *129*

9.4.1　昆虫の視覚 ……………………………………………………… 130

9.4.2　昆虫の聴覚 ……………………………………………………… 133

植物の七不思議　その7：隣り合う樹木 ………………………………… 135

演　習　問　題 …………………………………………………………… 135

引用・参考文献 …………………………………………………………… 136

第10章　個体数の増減

10.1　1種類の生物の増減を表すモデル（ロジスティック方程式）………… 138

10.2　差分化されたロジスティック方程式の挙動 ……………………… 141

10.3　2種類の生物の増減を表すモデル（Lotka-Volterra 方程式）………… 144

10.4　Lotka-Volterra 方程式の挙動 …………………………………… 145

10.5　Lotka-Volterra 方程式の数値計算 ……………………………… 148

演　習　問　題 …………………………………………………………… 149

引用・参考文献 …………………………………………………………… 151

第11章　生物の形づくり

11.1　タンパク質の生成 …………………………………………………… 152

11.2　チューリングとノイマン ……………………………………………… 155

11.2.1　チューリングマシン …………………………………………… 155

11.2.2　チューリングモデル …………………………………………… 157

11.2.3　ノイマンの自己複製機械 ……………………………………… 159

11.3　セルオートマトン ……………………………………………………… 159

11.3.1　1次元セルオートマトンの例 ………………………………… 159

11.3.2　2次元セルオートマトンの例：ライフゲーム ………………… 161

11.4　L　シ　ス　テ　ム …………………………………………………… 163

植物の七不思議　番外編：黄金比 ………………………………………… 164

演 習 問 題 ……………………………………………	*166*
引用・参考文献 ……………………………………………	*167*

あ と が き ……………………………………………	*169*
演習問題の解答 ……………………………………………	*170*
索　　　　引 ……………………………………………	*176*

1. 概　　　論

　「生物機械工学」とは，生物と機械工学を組み合わせた造語であり，生物を機械工学的な視点で議論する境界領域の学問分野を指す[1]†。機械工学的な観点から生物を眺めてみると，従来の生物学とは異なるおもしろさが見えてくる。このサワリの部分を知っていただくのが本章の役目である。まず，本書が扱う生物機械工学の範囲について述べる。つぎに，具体的な例を挙げながら「生物機械工学」の一端を紹介していこう。

1.1 生物機械工学が扱う研究対象

　「バイオ」と名の付く言葉は科学雑誌では頻繁に登場するが，最近では日常生活でも耳にするようになった。バイオエンジニアリング，バイオメカニクス，バイオテクノロジー…といった表記の言葉である。これらは，言葉の意味が必ずしも明確に定義されているわけではない。また，研究の進展につれて使用範囲が変わってくることもある。しかし，何もないよりは大まかではあるが「バイオ」全般について見通しが付く分類があったほうがよいだろう。

　筆者の独断ではあるが図 1.1 をご覧いただきたい。使用頻度の多い「バイオ」の名が付く言葉を三つの学問分野で位置づけてみた。三つの学問分野とは，機械系分野，化学系分野，情報系（情報システム系としたほうがよいかもしれない）分野である。これらの学問分野を軸にして「バイオ」の研究分野を位置づけようというものである。三つの学問分野は，それぞれが独立性を持っ

---

†　肩付きの数字は，章末の引用・参考文献番号を表す。

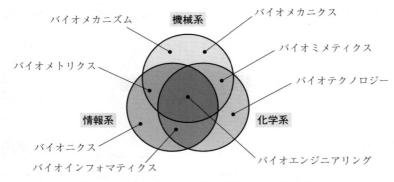

図 1.1 「バイオ」の名が付く言葉と三つの学問分野

ているが，生物と関わるような境界領域の研究では，二つ以上の学問分野の知識が必要になることが多い。ここでは，そのことを強調するためにたがいの学問分野を接近させて描いている。本書では主として機械系の円内の題材について扱う。

「バイオ」に関係する言葉はほかにもあるが，ここでは図中に示した言葉を簡単に説明しておこう。

・**バイオエンジニアリング**： 「バイオ」の分野を総称する言葉として機械系，化学系，情報系，いずれの学問分野にも用いられている。生物工学と訳されることがある。

・**バイオメカニクス**： 骨や歯などの生体の硬組織，血管や筋肉などの軟組織の力学的性質を研究する分野である。日本語で「生体力学」と訳されることが多い。

・**バイオメカニズム**： 身体の動きに関係する研究分野で用いられているが，バイオメカニクスとほぼ同じ意味で使用される場合もある。

・**バイオミメティクス**： 生物模倣工学と訳される。生物の動きや形，あるいは生体組織の微細構造を参考にして優れた人工物を創り出そうという研究分野である。「模倣」という言葉にネガティブなイメージを感じるかもしれないが，本当の意味で生物を模倣するには，現象の本質を理解する必要がある。

・**バイオテクノロジー**： ミクロレベルで生命現象を扱う研究分野である。

遺伝子操作を視野に入れた研究で使用されることが多かったが，最近では細胞レベルの機械的特徴を調べる研究も始まっている。

・**バイオニクス：**　生体情報工学と訳される。生物の視覚，聴覚，触覚などの仕組みを工学的に探る研究分野である。また，この知見を応用して人体機能をサポートする研究もここに入る。

・**バイオインフォマティクス：**　遺伝子配列を情報として扱う研究分野である。最近のコンピュータ性能の向上に伴って大量の生体情報から意味のある情報を抽出する研究が盛んになっている。

・**バイオメトリクス：**　生物の形は個体ごとに微妙に異なっている。例えば手のひらや指の血管は，分岐の仕方が人によって千差万別であり，この特徴を利用して個人を特定する技術がセキュリティシステムに応用されている。

1.2　数理モデルについて

　これからいくつかの具体例を紹介していくが，工学的な視点から生物の不思議に迫るためには，現象を分析するための道具が必要である。それが**数理モデル**（mathematical model）である。数理モデルは，生体機械工学に限らずいろいろな分野で重要であり，学ぶ機会が多いと思うので，ここでは大体のイメージをつかんでもらうための説明をしておこう。

　例えば，**図 1.2**（a）のような走行中の自動車を対象とすることにしよう。数理モデルは，注目する現象で表現する式が変わってくる。ここでは，自動車の乗り心地に関係する座席の振動について調べたいとする。

　図（b）は，自動車の運動を振動現象に注目してモデル化したものである。自動車の速度を一定速度と仮定して，タイヤから受ける道路の凸凹による座席の運動状態を調べるために，車体の質量 M と 2 組のばね定数 k_1，k_2 とダンパ（振動を抑える緩衝器）c_1，c_2 でモデル化している。この場合の座席の運動は，絶対座標系から見た上下方向の変位 y と紙面に垂直な回転方向 θ の二つの変数で表現されている。道路の凸凹は，走行時にタイヤが受ける時間的な変位

4   1. 概論

（a）走行中の自動車

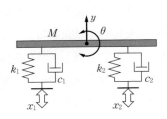
（b）振動現象に注目した
    自動車のモデル

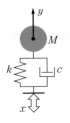
（c）座席の動
    きを上下方向
    のみに限定し
    たモデル

図 1.2 自動車のモデル化

x_1, x_2 であり，これが車のモデルの入力となる。図（c）は，さらに簡略化して座席の動きを上下方向のみに限定したモデルである。

このようなモデルに基づいて数理的な解析が行われる。解析には運動方程式が必要であり，数理モデルの変数が多いと必要な方程式も多くなる。例えば図（b）は，2 自由度の運動方程式，また図（c）は 1 自由度の運動方程式（$M\ddot{y} + c\dot{y} + ky = c\dot{x} + kx$）で表せる。具体的な数式で表現できない場合は，モデル化なしで直接数値シミュレーションを実施する方法もある。

数理モデルは，注目する現象をどのくらい正確に調べたいかで変わってくる。詳細な挙動を調べるには，精密な数理モデルでシミュレーションを行う必要がある。その際，すべての条件について調べようとすると膨大な時間とコストがかかり，重要なポイントがどこかを見失う恐れもある。まずは簡略化した数理モデルを使うほうが全体像を把握しやすい。本書のように生物現象を対象とする場合は，俯瞰的に現象を把握する必要があり，簡略化した数理モデルが重要な役割を果たす。

1.3 生物機械工学で扱う具体例

それではつぎに，機械工学の観点から生物を眺めた場合の具体例を紹介しよう。ここでは樹木の枝分かれ，動物の跳躍高さ，馬の歩行効率について述べる。

1.3.1 樹木の枝分かれ

樹木の枝の直径は，樹木の成長とともに太くなる。当たり前だと思うかもしれないが，ここに不思議を感じてもらうのが本書の役目である。このことを力学的に考えてみると，枝には葉が茂っているので，その重さで折れないように太くなると理屈が付く。そうであるならば枝の太さと重量には何らかの法則性が成立すると予想される。この発想が大事である。

C. D. Murray は，11 種類の樹木について大小さまざまな枝を切って，根元の枝の周長と重量を計測した[2]。その計測値を両対数軸で示したものが**図 1.3** のグラフである[†]。

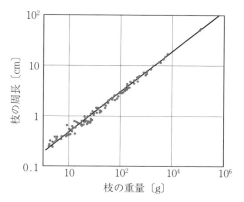

図 1.3 周長と重量の関係（文献 2 を参考にして作成）

[†] 対数グラフについてはご存知かと思うが，指数関数的な関係を調べるのに有用であるので，第 2 章で説明する。

このグラフを見ると，枝の重量が数 g 〜 数十 kg と大きな幅であっても，また，樹木の種類が異なっても両対数軸上で非常によい比例関係が成立していることがわかる。Murray は，この測定データからつぎの実験式 (1.1) を算出している。

$$W = 7.08 C^{2.49} \qquad (1.1)$$

上式は，枝の重量 W が枝の周長 C のおよそ 2.5 乗に比例することを示している。この指数は，枝の大小，種類に依存しないので，枝の法則性を示しているといえる。そこで，この関係を枝の 2.5 乗則と呼ぶことにする。ここで，今後の議論がしやすいように式を少し書き換えることにする。重量 W は質量を M，重力加速度を g とすると $W=Mg$ であり，枝の直径を d とすると $C=\pi d$ であるので，式 (1.1) は式 (1.2) のように書ける。

$$M \propto d^{2.5} \qquad (1.2)$$

式中の記号 $\propto$ は，比例関係であることを意味し，指数部分に注目して議論するときによく用いられる。式 (1.2)，つまり 2.5 乗則は，初歩の材料力学から導くことができるので以下に紹介しよう。なお，材料力学をまだ習っていない（あるいは習ったが忘れた）読者のために要点を解説したので，必要な場合は参照されたい。

枝の役目は，生い茂った葉を支えることであるので枝には折れない太さが必要である。この太さを見積もるために，**図 1.4** のように葉の付いた枝を片持ばりの先端に集中荷重が加わったモデルで考えることにする。つまり，対象となる枝を葉の部分も含めて直径 d の一様な円形断面のはりと仮定し，先端に枝の重量 $W=Mg$ が加わっているとしている。これは枝を大胆に簡略化したモデ

図 1.4　樹木の枝のモデル化

ルではあるが，指数の関係を議論するには十分である。

さて，この枝のモデルで最も力がかかる箇所は，枝の根元の部分であるので，ここに発生する応力に注目する。片持ばりの長さ l は，便宜上導入したものであるが，式変形の際に消去される。枝の根元に発生する応力は，式 (1.3) のようになる。

$$\sigma = \frac{T}{Z} = \frac{Mgl}{Z} \tag{1.3}$$

ここで，式中の分子の部分 $T = Mgl$ は枝の根元で発生する力のモーメント，Z は断面係数である。断面係数 Z は，断面二次モーメント I から求めることができる。直径 d の円形のはりの断面二次モーメントは $I = \pi d^4/64$ である。また断面係数 Z は，断面二次モーメントを断面形状の高さの半分，すなわち半径 $d/2$ で割った値であるので

$$Z = \frac{\pi d^3}{32} \tag{1.4}$$

となる。枝の質量 M は，はりの質量に相当すると考えると，式 (1.5) のようになる。

$$M = \frac{\pi d^2}{4} \rho l \tag{1.5}$$

ここで，ρ：はりの平均密度である。この ρ の値は，植物の種類によらずほぼ同じと考えられる。この式にもはりの長さ l が含まれているが，式 (1.3) から l を消去することができ，式 (1.4) も使ってつぎの式 (1.6) が得られる。

$$\sigma = \frac{128}{\rho \pi^2} \frac{M^2 g}{d^5} \tag{1.6}$$

式 (1.6) の σ は，枝の根元に発生する応力であり，この値が木材の材料強度 σ_b よりも大きくなると折れてしまう。材料強度 σ_b は，樹木の太さや種類に関係なくほぼ同じであると考えると，枝の根元に発生する応力 σ も一定値でよいことになる。すると式 (1.6) は質量 M と枝の太さ d 以外は定数と考えられるで，式 (1.7) のように簡単化される。

$$\frac{M^2}{d^5} = const. \tag{1.7}$$

この式を M について解けば式 (1.2) が得られる。つまり，樹木の 2.5 乗則を示すことができた。

このように材料力学の知識から指数が 2.5 となる理由を説明することができる。ただし，導出までにいくつか仮定を置いている。どんな仮定を設定しているかを考えることは，問題を客観的に捉える上で大切なので，以下に挙げておこう。

① 枝の断面形状は円形である†。
② 枝の材料強度は枝の太さや種類によらず一定である。
③ 枝は幹に対して直角に生えている。
④ 枝に付いた葉の茂り方は同じ（相似的）である。

この中で③の仮定に疑問を感じる読者も多いと思う。樹木を観察すれば，枝が直角になっていない植物のほうが多いことがわかる。この仮定の是非については演習問題【1.2】で考えていただきたい。また，④の枝の相似形に関する仮定は，植物の種類や枝の大きさによらず形が似ていることを意味する。これを**自己相似性**（self-similarity）というが，この形の特徴については第3章で紹介する。

さらに，**図 1.5** のように枝の直径を d_0, d_1, d_2 とすると $W_0 = W_1 + W_2$ の関

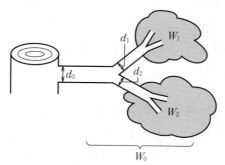

図 1.5　樹木の枝分かれ

---

† この仮定（枝の断面が円形）も気になるかもしれない。関連事項を 植物の七不思議 その1「枝の断面形状」で紹介したので，ご覧いただきたい。また断面形状の効果については第6章の演習問題【6.3】，【6.4】を考えてみよう。

係からつぎの式 (1.8) が成立すると Murray は報告している[2]。

$$d_0{}^{2.5} = d_1{}^{2.5} + d_2{}^{2.5} \tag{1.8}$$

　この関係式は簡潔であるが厳密には等式にならない。というのは，右辺では直径 d_0 の枝の質量が抜けているからである。ただし，枝に付いている葉の質量が支配的であり，枝の質量がそれに比べて十分小さいならば大体等しいといえるだろう[†1]。

まとめ：　樹木の 2.5 乗則は，生体組織で発生する応力と関係することがわかった。つまり，応力値がある値以上になると，植物細胞が増加する仕組みがあると考えられる。応力は，植物組織のどの部分でも感知できると考えられる[†2]。つまり，枝のデザイン（2.5 乗則）は細胞で感じる応力だけで決まっていることになる。これは驚くべきことではないだろうか。もちろん，木の枝には例外なく重力下での力学が影響しており，この影響を調べるために材料力学が適用された。同様な生体組織と生体構造の法則性は，血管の分岐法則でも見られる。これについては第 4 章で紹介する。

参考 1.1：はりの材料力学 --
　構造物の強度を評価する力学的な指標として**応力**（stress）が用いられる。**図 1.6** のように断面積 A の一様でまっすぐな棒（はり）の両端に力 F が加わったときの軸

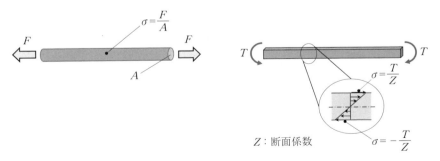

図 1.6　両端に力 F が加わったとき　　図 1.7　両端にモーメント T が加わったとき

---
†1　この式の妥当性について実験的に調べた報告は見当たらない。
†2　検出機構の詳細は明らかになっていない。

に垂直な面内の応力は

$$\sigma = \frac{F}{A} \quad [\text{N}/\text{m}^2]$$

となる。この場合の応力は棒のどの箇所でも同じ値である。

　また，**図1.7**のように棒の両端にモーメントTが加わる場合は，中心軸より上側が引張応力，下側は圧縮応力となる。応力の値は上側と下側の表面で最大となり，その値は，次式から求まる。なお，圧縮応力はマイナス記号が付く。

$$\sigma = \frac{T}{Z} \quad [\text{N}/\text{m}^2]$$

ここで，Zは断面係数と呼ばれ，幅b，高さhの長方形断面なら$bh^2/6$，直径dの円形断面なら$\pi d^3/32$である。断面係数の求め方は後述する。

　1.3.1項で紹介した枝の力学モデルは，棒の先端に荷重が加わる片持ばりとしている。この場合，はりに加わるモーメントTは場所によって異なり，荷重点からの距離をxとすれば$T=Fx$となる。つまり，はりの根元部でモーメントが最大となるので，その上下面で応力値も最大となる。

　つぎに断面係数Zの求め方を説明しよう。それには棒が変形する際の幾何学的関係から説明する必要がある。**図1.8**は，図1.7の力学条件でのはりの曲がり具合を描いている。はりに一様なモーメントTが作用するので円弧状に変形し，その半径（曲率半径）をrとしている。ここで重要な点は，はりの中心線上では，伸び縮みがないことである。つまり，この中心線より上側は，中心線からの距離に比例して伸びるので引張応力，また下側は縮むので圧縮応力が発生する。はりの内部に発生した引張応力と圧縮応力は，はりに加えたモーメントと釣り合っている。これらの力学

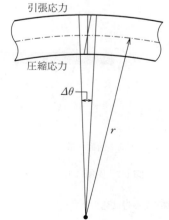

図1.8 はりの曲がり具合

状態を式で表現してみよう。

まず，はりの中心線からの伸び縮みの比率は，ひずみ ε で表され，中心線からの距離を y とすれば幾何学的関係から

$$\varepsilon = \frac{(r+y)\Delta\theta - r\Delta\theta}{r\Delta\theta} = \frac{y}{r}$$

である。また，はりのヤング率（縦弾性係数）を E とすれば，ひずみと応力は，以下のように表せる。なお，ヤング率は，物体の変形のしにくさを表す物理量である。

$$\sigma = E\varepsilon = \frac{y}{r}E$$

この関係式からもわかるように，応力が最大となるのは，はりの上端および下端である。はりの高さを h とすれば上下端までの距離は $h/2$ であるので，最大引張応力値は，$\sigma = hE/(2r)$，最大圧縮応力値は，$\sigma = -hE/(2r)$ となる。

さて，内部に発生する応力とはりに加えたモーメント T が釣り合っていることから積分記号を使って以下のように表せる。なお，積分記号の添字 A は，はりの断面部分を意味する。

$$T = \int_A \sigma y \, dA = \frac{E}{r} \int_A y^2 \, dA$$

ここで，積分の部分は断面二次モーメントと呼ばれ，はりの変形のしにくさを表す量として材料力学で重要な式である[†]。つまり，断面二次モーメント I は，以下のように定義される。

$$I = \int_A y^2 \, dA$$

この定義式を使えば

$$T = \frac{E}{r} \int_A y^2 \, dA = \frac{EI}{r}$$

となる。また，応力との関係から，以下の曲率半径 r を含まない関係式が得られる。

$$\sigma = E\varepsilon = \frac{Ty}{I}$$

上式から応力が最大となるのは，$y = h/2$ であるので，以下の関係であることが確認できる。

$$\sigma = \frac{T(h/2)}{I} = \frac{T}{\dfrac{I}{h/2}} = \frac{T}{Z}$$

[†] 似たような用語として「慣性モーメント」がある。こちらは物体の回転のしにくさを表す量である。慣性モーメントの説明は，第8章を参照されたい。

つまり，断面係数 Z は中心軸からはり表面までの距離で割った値である。

断面形状が長方形のはりの場合で計算してみると，**図 1.9** を参照して断面二次モーメント I を定義式から計算すると

$$I = \int_A y^2 dA = \int_{-\frac{h}{2}}^{\frac{h}{2}} y^2 b dy = \frac{bh^3}{12}$$

となる。この値を中心軸からの距離 $h/2$ で割ったものが断面係数である。つまり長方形断面のはりの場合は，$Z = (bh^3/12)/(h/2) = bh^2/6$ と求まる。同様に円形断面のはりでは，$I = \pi d^4/64$ であるので $Z = (\pi d^4/64)/(d/2) = \pi d^3/32$ となる。この断面係数の式からも，長方形断面では面積が同じなら縦長のほうが発生する最大応力が小さいことがわかる。

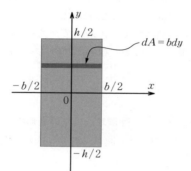

図 1.9 断面形状が長方形のはり

1.3.2 動物の跳躍高さ

表 1.1 は，動物の跳躍高さと体重をインターネット情報から集めたものである[†]。ネズミとウマでは体重が 1 000 倍ほども異なるが跳躍高さは 2〜3 倍の範囲に収まっている。つまり，跳躍高さは身体の大きさに関係しないように見える。

この理由を考えてみよう。**図 1.10** は跳躍するときの脚のモデルを示している。簡単のため 1 脚モデルにしてあるが，ここで扱う議論としてはこれで十分

[†] 本来ならば出典を示すべきであるが，インターネット情報のため URL が短期間で変わることがあるため，ここでは示さない。跳躍，動物名をキーワードにして検索できるので，興味のある方は確認していただきたい。なお，文献 3 では，ゾウやカバの跳躍も掲載されているが，静止した状態から跳躍するかは疑問である。ただし，ゾウは時速 40 km くらいで走行するので，地面から脚が数十 cm 瞬間的に離れることはありそうである。

1.3 生物機械工学で扱う具体例

表1.1 種々の動物の跳躍高さと体重

動 物	跳躍高さ〔m〕	体 重
ネズミ	1	300〜500 g
イノシシ	1	約 20 kg
ヒョウ	2.5	30〜70 kg
カンガルー	2.5	25〜80 kg
ヒ ト	1（助走して2）	約 60 kg
ウ マ	1.6（オリンピック競技での障害の高さ）	約 450 kg

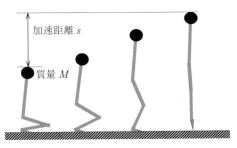

図1.10 動物の跳躍高さを議論するモデル

である。脚の伸展動作で地面を離れるまで上方に加速して地面から離れ，その後は質点運動になると考える。身体を加速させるには脚が長いほうが有利である。

一般に脚の長さは身長に比例するので，身体が大きいほど跳躍は有利のように思える。しかし身体が大きくなると体重 $W(=Mg)$ も増加する。ここで，身体の形に幾何学的な相似関係があるならば，縦，横，高さそれぞれ等比で大きくなる。身体を代表する長さを L とすると，身体の体積は L の3乗で増加することになる。身体の密度を一定とすれば体重も L の3乗で増加する。このような考え方をスケーリングと呼んでおり，身体の質量 M と代表長さ L の関係は以下のように表せる[†]。

$$M \propto L^3 \tag{1.9}$$

[†] 式中の記号 $\propto$ は，式 (1.2) でも使用したように比例関係を表す。定数 k を用いて $M=kL^3$ と書くのと同じである。スケーリングを議論するときには，このような簡潔な書き方がよく用いられる。スケーリングについては第2章を参照。

14   1. 概   論

また，跳躍のため身体を加速する力 F は脚の筋肉で発生し，筋力は筋肉の断面積に比例する。さらに筋肉の断面積は脚の直径 d の 2 乗に比例し，d は身体の代表長さ L に比例するので

$$F \propto d^2 \propto L^2 \tag{1.10}$$

と表せる。この脚力 F によって生じる加速度 a は

$$Ma = F \tag{1.11}$$

の関係式から求まり，式 (1.9) から

$$a \propto L^{-1} \tag{1.12}$$

となる。つまり加速度 a は身体の代表長さ L に反比例する。さて，加速度 a は図 1.10 から加速距離 s が長いほうが有利である[†1]。加速中の筋力 F は一定であると仮定し，地面から離れるときの速度 v を見積もると

$$v = \sqrt{2as} \tag{1.13}$$

となる。加速距離 s は脚の長さに比例するので，L に比例することになる。つまり

$$s \propto L \tag{1.14}$$

である。地面から足が離れる瞬間の速度 v は，式 (1.12)，(1.14) を式 (1.13) に入れると L が消えて定数になる。この関係を式で表せば式 (1.15) のようになる。

$$v \propto L^0 \tag{1.15}$$

つまり，速度は動物の大きさに依存しないということなので，動物の跳躍高さは体重によらず一定であることが示せたことになる[†2]。

ただし，上記の導出では，重力加速度の影響を無視しているので，もう少し検討する必要がある。脚を伸ばして加速している間も鉛直方向に $-Mg$ の力が働いているので，式 (1.11) は式 (1.16) のように書くべきである。

[†1] 跳躍の様子をイメージしやすいように脚の伸展動作を描いているが，実際の力学モデルは脚の動きや筋肉の付き方は考慮していない。単純な質点系の力学で議論している。

[†2] 文献 3 にはここまでの導出方法が示されている。

$$Ma = F - Mg \tag{1.16}$$

この式から脚力 F は，Mg 以上で加速しないと跳躍できないことがわかる。脚力 F が小さいと加速度 a に影響が出る。さらに式 (1.9)，(1.10) より

$$a = kL^{-1} - g \tag{1.17}$$

と表せる。ここで比例定数を k とした。この関係から身体が大きいほど不利なことがわかる。

式 (1.16) に戻って重力の影響を少し具体的に考えてみよう。骨格筋で発生可能な力は約 $50\,\mathrm{N/cm^2}$ である。脚力 F は，動物の筋断面積に比例するが具体的な値は入手しづらい。ここではデータが入手しやすいヒトの脚力を例にして見積もってみる。跳躍運動に必要な筋肉は，**図 1.11** に示す大腿四頭筋と呼ばれる筋肉である。その断面積はスポーツ選手では $100\,\mathrm{cm^2}$ 程度である[4]。したがって $F = 5\,000\,\mathrm{N}$ 程度となり，体重 $60\,\mathrm{kg}$ とすれば筋力によって生じる加速度は，$F/M \approx 80\,\mathrm{m/s^2}$ となる。この値は重力加速度 ($9.8\,\mathrm{m/s^2}$) よりもずっと大きいので，式 (1.16) の第 2 項の影響は小さいと考えられる[†]。

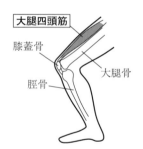

図 1.11 跳躍運動に必要な筋肉（大腿四頭筋）

まとめ： ここで紹介した法則性は，スケーリングの考えに基づいている。スケーリングは生物の基本的なデザインを議論する上で重要である。第 2 章では，これに関連した話題を紹介する。

---

† 質点系の力学モデルを基礎にしているので概略的な考察に留める。

1.3.3 馬 の 歩 行

馬の歩行時のエネルギー消費について D. F. Hoyt らが注目すべき実験を行っている[5]。彼らは，子馬を電動のトレッドミルに乗せて一定の速度で歩行させたときの酸素消費量を測定したのである。馬の歩行には，ウォーク（walk），トロット（trot），ギャロップ（gallop）といった歩容（脚の動かし方）があり，トレッドミルの速度に応じてそれらを切り替えることができる。ウォークは歩行中に4脚の中で1脚が地面から離れる静的な歩き方である。トロットでは，速度が増して対角線の2脚が地面から離れる動的な歩行となる。ギャロップでは，さらに速度が増して同時に3脚が地面から離れる走りの歩容になる。

図1.12はその実験結果である。図の3種類のプロットは横軸を移動速度にとり，縦軸（左側）は1頭の子馬が1m移動するのに必要な酸素消費量を示している。酸素消費量は，歩行時の消費エネルギーに対応する量であり，ウォーク，トロットともに最適な速度が存在することがわかる。ギャロップはトレッドミルの性能限界のために最適値がはっきり示されていないが，移動速度が大きくなれば酸素消費量も増加し，最適な歩行速度が存在することは十分

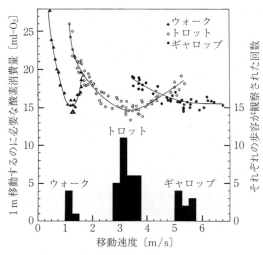

図1.12 子馬が1m移動するのに必要な酸素消費量
（文献5を参考にして作成）

予想される。驚くべきことに最適値はどれもほぼ同じ値になっている。このことは，例えばA地点からB地点に移動するときに，どの歩容を用いても移動に必要なエネルギーは同じであることを示している。

また，図のヒストグラムは馬をグラウンドで自由に歩かせたときに観察された歩容の回数をグラフにしたものであり，それぞれの歩容で最適な移動速度を選んでいることがわかる。また，トレッドミル上では歩行の速度を合わせなければならなかったが，自由な歩行では，歩容ごとに酸素消費量が少ない歩行速度を選んでいることもわかる。

このように生物は，形だけでなく運動も最適な状態を好むように見える。この最適性が生まれる理由についての説明も数理モデルで説明できる。具体的な解説は，第8章で行う。

コラム：生物に学ぶことは役に立つか？

　生物の巧みな仕組みを学んで，それを人工物に応用できたら素晴らしいことである。「生物に学ぶ」は，英語では bio-inspired, biologically inspired と呼ばれており，先端的な研究分野の一つになっている。ここでは，500系新幹線のパンタグラフの開発を例にとって生物に学ぶ意義を考えてみたい。

　騒音の少ないパンタグラフの開発でフクロウの羽の形がヒントになった話[7]は，ご存知の方も多いと思う。フクロウは，小動物の獲物を滑空して捕らえる。飛行中に羽の音がすると，獲物に察知されて逃げられてしまうが，フクロウは飛行中の音が小さいため，獲物を逃がさず捕らえることができる。これはフクロウの羽の先端にセレーションと呼ばれる鋸状の小さな羽毛が付いており，これによって細かい空気の渦が発生し，飛行中の音を抑えているためである。低騒音のパンタグラフの開発に苦労していた技術者がこのフクロウの羽にまつわる話を知り，この原理を応用して目標性能を達成するパンタグラフを完成できたというエピソードである。

　このパンタグラフは風圧を受ける部分が凹凸表面に仕上げられており，「羽毛」というイメージはない。つまり，見かけを真似たわけではなく，消音効果を物理的なレベルに立ち戻って，形状デザインに取り入れていることがわかる。

　この開発にまつわるエピソードは，筆者も素晴らしいと感じている。ただし，いい話に水を差す言い方になるが，生物に学ぶことが唯一の解決方法ではないということも伝えておこう。

18   1. 概   論

セレーションに騒音抑制効果があることは，パンタグラフの開発より前に流体力学の分野で報告されていた[8]。この報告では，スクリューの羽の先端を鋸歯状にすることで回転の騒音が減らせることが示されている。この研究例から低騒音パンタグラフの開発につながる道筋もあったかもしれない。

つまり，問題解決のヒント（アイディアの引き出し）は，多いに越したことはないと言いたいのである。なお，流体力学の研究ではフクロウの羽についての記述はないが，こちらのほうが羽毛の形に似ているのは，別の意味で興味深い。新幹線のパンタグラフのほうが洗練されていると感じられるからである。

これにはさらに後日談がある。このパンタグラフは，500系の新幹線で使用されたが，それ以降の車両には搭載されていない。不思議に思って調べてみると，その後の技術革新でセレーションを付けなくても低騒音を実現する方法が確立できたためのようである[9),10]。産業分野では，技術革新によって従来の技術や方法が新しいものに置き換わってしまうことがよくある。これは生物界の生存競争に対応しているかのようである。

植物の七不思議

植物は身の回りで見られるので，普段は気に止める人は少ないのではないだろうか。しかし，何の変哲もないと思っている植物でもじっくり観察すると，不思議がいっぱい詰まっていることに気づく。このコーナーでは，筆者が散歩しながら見つけた植物の不思議について紹介しようと思う。

植物の七不思議   その1：枝の断面形状

図はヒマラヤスギの幹である。ヒマラヤスギの枝は通常，図（a）のように幹に対してほぼ垂直に伸びる。ところが剪定された枝を見ると，図（b）のように細い枝の断面は円形に近いのに，太い枝では楕円形になっているのがわかる。本章で植物の枝分かれの法則を導く際に枝の断面を円形と仮定しているので，枝が太くなると影響が出てくると考えられる。では，断面が楕円形になるのには，どんな意味があるのだろうか。

植物の枝の2.5乗則は，植物のスケールが大きくなるほど相似則の比率以上に枝を太くする必要があることを意味する。そうでないと枝が折れてしまう。断面形状が細長くなるのは，重力によって生じるモーメントを効率よくサポートするためと解釈できる。楕円形になるとどの程度，材料が節約できるかは，第6

(a) 枝の生え方　　　　　　　(b) 枝の断面形状

図　ヒマラヤスギの幹

章の演習問題【6.3】,【6.4】で考えていただきたい。
　じつは，楕円形のほうが力学的に適していることを説明できても，断面形状が円形から楕円形に変化する仕組みは未解明である。一説によると，重力方向に化学物質（成長ホルモン）の勾配があり，この濃度差で断面形状が変化するようであるが，詳細は不明である。
〔参考文献：日本木材学会 組織と材質研究会 2016 年秋季シンポジウム「あて材の科学 −樹木の重力応答と生存戦略−」講演要旨集〕

演 習 問 題

【1.1】　Murray が報告した樹木の測定に関する研究論文には，測定時の季節と枝を測定する際にいくつかの事項に注意を払ったことが書かれている。まず，測定実験は春夏秋冬のいつ実施するのがよいだろうか。またその理由を考えなさい。つぎに，枝の直径と重量を測定する際に注意を払ったこととは何かを考えてみよう。（原文を読むことを勧める。）

【1.2】　枝の 2.5 乗則は，枝が幹に対して垂直に出ていると仮定して導出している。枝の角度を変化させても指数には影響を及ぼさないことを示しなさい。例えば，幹に対して枝がすべて同じ角度 α で生えている場合を考えよう。つぎに角度 α が枝によって少しずつ異なる場合は，対数グラフ上でどのようにプロット点が変化するか予想してみよう。

【1.3】 跳躍が苦手な動物には、ゾウやカバのほかにモルモットがいる。逆に、カンガルーはほかの動物に比べてジャンプ力がある。1.3.2項で述べた理論ではこれらのことを説明できない。その理由を考えてみよう。

【1.4】 図1.12は、ウォーク、トロット、ギャロップと歩容が異なっても単位距離移動するのに必要なエネルギーは、ほぼ同じであることを示している。では、歩容の種類によって何が異なるのか考えてみよう。

【1.5】 動物の走行速度は種によって差があるが、体重には依存しないことが知られている[6]。この理由を考えてみよう。また、動物の走行速度は高々100 km/h程度である。新幹線並のスピードが出せないのはなぜだろうか。

ヒント：問図1.1のように動物の走行は、脚が円弧状に往復運動することによって進むと単純化し、脚で発生可能な単位時間当りのエネルギー P_w は脚の往復運動で消費される単位時間当りのエネルギー P_k が等しいと置く。脚の運動エネルギーの式は、必要なら第8章の慣性モーメントの説明を参照いただきたい。後半の問は筋肉の特性に関係する。

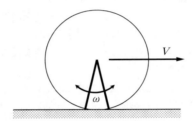

問図1.1　脚運動のモデル

引用・参考文献

1) 梅谷陽二：生物工学 –基礎と方法– （エンジニアリング・サイエンス講座 34），共立出版（1977）（生物を機械工学的に論じた先駆的な教科書。生体関連の研究動向の分析に留まらず、研究の方法論も深く議論されている）

2) C. D. Murray: A Relationship Between Circumference and Weight in Trees and its Bearing on Branching Angles, J.Gen.Physiol., Vol.**10**, pp.725-729（1927）

3) H. J. Metcalf 著，三重大学バイオメカ研究グループ 訳：技術者のためのバイオフィジックス入門，コロナ社（1985）（原著は Topics in Classical Biophysics）

4) 角田直也，金久博明，福永哲夫，近藤正勝，池川茂樹：大腿四頭筋断面積における各種競技選手の特性，体力科學，Vol.**35**, No.4, pp.192-199（1986）

5) D. F. Hoyt and C. R. Taylor: Gait and the Energetics of Locomotion in Horses,

Nature, Vol.**292**, pp.239-240（1981）

6) T. Garland, JR: The Relation between Maximal Running Speed and Body Mass in Terrestrial Mammals, Journal of Zoology, Vol.**199**, pp.157-170（1983）（走行速度に体重依存性が認められないのは，すべての動物ではないが，偶蹄目（ウシ，シカ），食肉目（イヌ，ネコ），齧歯目（ネズミ，リス）では成立すると報告されている）

7) 今泉忠明：小さき生物たちの大いなる新技術，KK ベストセラーズ（2014）（500系パンタグラフの開発のエピソードはインターネットでも閲覧できる）

8) R. E. Longhouse: Vortex Shedding Noise of Low Tip Speed, Axial Flow Fans, Journal of Sound and Vibration, Vol.**53**, No.1, pp.25-46（1977）

9) 柴田勝彦，平井誠，針山隆史，佐々木裕一：東北新幹線"はやて"搭載　環境にやさしい静かなパンタグラフ，三菱重工技報，Vol.**40**, pp.154-157（2003）

10) 光用剛：高速用パンタグラフ，RRR（Railway Research Review），Vol.**71**, pp.28-31（2014）

2. スケーリングと次元解析

　本章では，スケーリングについて解説する。スケーリングは，生物を工学的な視点から議論する上で重要であり，第1章でもすでに登場している。動物の跳躍高さを議論する際に，動物の体重が脚の長さの3乗に比例すると設定したことは，まさにスケーリングの考え方である。まず，このスケーリングの考え方を詳しく説明し，スケーリング則として表される法則性の例をいくつか紹介する。

　スケーリングの議論では，種々の物理量の関係を議論するので，物理の単位系に慣れておく必要がある。これに関連して，いろいろな物理量を扱うのに便利な次元解析という方法があるので，これについても紹介しよう。

2.1　スケーリングとアロメトリー

　スケーリング（scaling）とは，注目する対象物の物理的特性が対象物の大きさによって，どのように変化するのかを調べ，その法則性を明らかにすることである。例えば，対象物の縦・横・高さがそれぞれ2倍になると体積が8倍になるという関係も，単純ではあるがスケーリングの考え方である。また，対象物の密度が均一ならば質量も8倍になるという関係もスケーリングである。これは単純な関係ではあるが代表長さをL，質量をMとすれば式 (2.1) のように表せる。

$$M \propto L^3 \tag{2.1}$$

ここで，記号$\propto$は，第1章でも登場したように比例を意味する。この例のように3次元の物理量（例えば体重）が対象物の大きさ（例えば身長）の3乗に比例する**スケーリング則**（scaling law）を**幾何学的相似則**（geometric similarity law）という。幾何学的相似則では，体積は対象物の大きさの3乗に比例し，体表面積は対象物の大きさの2乗に比例するので直感的に理解しやすい。ただし，後述するように幾何学的相似則にならない場合もある。

スケーリングの議論には，**アロメトリー**（allometry）の関係（両対数線形関係）が用いられる。アロメトリーを表す式は，二つの変数（例えば体重と身長のような二つの物理量）がどのような関係になっているのかを示している。アロメトリー式は，つぎの関数で表される。

$$y = ax^b \tag{2.2}$$

ここで，x，y は変数であり，a，b は定数である。この関数を通常の比例目盛を使った描き方でグラフにすると**図 2.1**（a）のようになる。$a = 1$ のときに指数 b が $b > 1$，$b = 1$，$1 > b > 0$ の三つの場合で増加の仕方を示している。式 (2.1) の幾何学的相似則では，$b = 3$ ということになる。ただし，b は負の場合もあり，この場合は別のグラフに描かないとわかりにくい。このためアロメトリー式は，式 (2.3) に示すように両対数（通常，対数の底は 10）をとって議論する場合が多い。

$$\log_{10} y = \log_{10} a + b \log_{10} x \tag{2.3}$$

このグラフは図 (b) のようになる。念のため，x，y の数値を対数で示した

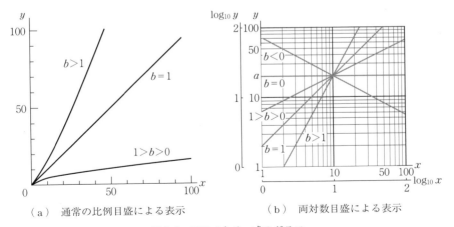

（a） 通常の比例目盛による表示　　　（b） 両対数目盛による表示

図 2.1　アロメトリー式のグラフ

軸も示している。両対数軸表示では，式(2.3)からわかるように定数bがグラフの傾きを決定する。スケーリングでは，この傾きが重要になる。なお，$b=0$の場合，$y=a$になるので水平なグラフになる。図(b)では，aの値を15程度にした上で，bの値を変えて描いている。

じつはこの両対数表示は，第1章で紹介した枝の周径と重量の関係で用いられている。図1.3のグラフを見ると，横軸を枝の重量，縦軸は枝の周径とし，両対数の目盛で描いている。このためプロットされた値から求められた回帰直線の傾きは指数bに相当する。

2.2 骨の長さと直径のスケーリング

図2.2は，ガリレオ・ガリレイ（Galileo Galilei）の著作『新科学対話』（1638年刊）に描かれた骨の挿絵である[1]。ガリレオは，この本の中で体重は身長の3乗で増加するため，身長に比例して骨が太くなるのでは骨が体重を支えられず，比率以上に骨を太くする必要があると説明している。つまり身長が3倍になれば各部の太さも3倍になるといった幾何学的相似則は成立しないことを指摘している。この説明に使用した挿絵が図2.2であり，大きい骨の太さは小さいほうの9倍くらいに描かれている。しかしながら，この挿絵の骨はどう見ても太すぎる[†]。正しい挿絵なのだろうか。残念ながら原著の『新科学対話』に

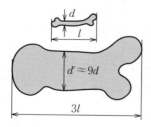

図2.2 『新科学対話』に掲載された挿絵（文献1を参考に作成）

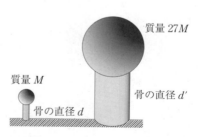

図2.3 骨のスケーリング則を考えるモデル

---

† 問題意識がないと見過ごしてしまうかもしれない。筆者も文献2で図の不自然さを指摘しているコメントを読むまで気づかなかった。

は，骨の太さを何倍にすればよいか具体的な数値は示されていない。そこで骨の直径は何倍に描けばよかったかを機械工学的な立場で考えてみよう。

まず，確認の意味で幾何学的に比例する場合のスケーリングを示しておく。骨の長さ l，骨の太さを d，生物体の質量を M_b とするとつぎの二つの関係式が成立する。

$$l \propto d \tag{2.4}$$

$$M_b \propto d^3 \tag{2.5}$$

これに対してガリレオが指摘した体重の影響は，**図 2.3** のようにモデル化すると考えやすい。つまり身体を球状にして支える足を 1 本とする。こう設定すると，生物体の質量 M_b は骨の断面積 A で M_b を支える必要があることがわかる。骨の強度は単位面積当りに換算するとほぼ同じと考えられるので，骨の断面積 A は生物体の質量 M_b に比例する必要がある。また，断面積 A は骨の直径 d^2 にも比例するので，式 (2.6) のように書ける。

$$M_b \propto A \propto d^2 \tag{2.6}$$

また，骨の長さは動物の身長とともに幾何学的に増加するとしているので，生物体の質量 M_b は骨の長さ l の 3 乗に比例することになり，式 (2.7) で表せる。

$$M_b \propto l^3 \tag{2.7}$$

式 (2.6)，(2.7) から

$$l^3 \propto d^2 \tag{2.8}$$

となる。これが骨の長さと直径に関するスケーリング則である。この式は，骨の直径 d が長さ l の 3 乗に比例するので，骨を長くするには長さの比率以上に直径を大きくする必要があることを示している。ガリレオの挿絵に対応させれば，l が 3 倍になると d^2 は 27 倍増加することになるので，直径 d に対しては 27 の平方根の約 5.2 となる。つまり図 2.3 は，太い骨の直径を 9 倍ではなく 5.2 倍で描くべきだったことになる。

このアロメトリー式の導出の仕方は，T. C. McMahon の論文[3] にも見られる。さらに彼は，有蹄類（四肢にひずめのある動物）の骨を調査して $l \propto d^b$ のア

ロメトリー式の指数が 0.64 〜 0.68 の範囲であると報告している[4]。これは式 (2.8) のスケーリング則を支持する値であるが，すべての骨に当てはまるわけではない．本章の演習問題【2.2】も考えていただきたい．

2.3 基礎代謝率

基礎代謝率（metabolic rate）（または基礎代謝量）は，安静時に消費する単位時間当りのエネルギーであり，生命活動を維持するためのベースとなる値である．この基礎代謝率と生物の質量との間には，明確な相関関係が存在することが報告されている．**図 2.4** は，ハツカネズミからゾウに至るいろいろな恒温動物（哺乳類と鳥類）の基礎代謝率を両対数グラフに示している．縦軸は，動物の基礎代謝率 P（単位はワット），横軸は動物の質量（body mass）M_b をとっている．両対数軸ではどの動物も直線上に乗っており，その関係式は式 (2.9) のようになる[†]．

$$P \propto M_b^{0.75} \tag{2.9}$$

この関係式は，動物の基礎代謝率 P はその質量 M_b の 0.75 乗に比例するこ

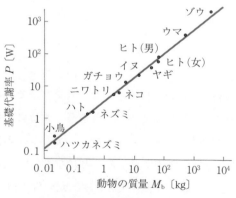

図 2.4 恒温動物の基礎代謝率
（文献 2 を参考にして作成）

[†] 0.75 乗則を最初に示したのは Kleiber である[5]．彼はデータ分析から指数 0.74 を導き，統計処理の考察から指数の真値が 0.75 であると主張した．

とを意味する。ここで，両辺を M_b で割ると，単位質量当りの基礎代謝率 P_u に関するアロメトリー式である式 (2.10) が得られる。この式は，指数が -0.25 なので質量 M_b が大きいほど P_u は小さくなる。つまり，大きい動物ほど単位質量当りに換算するとエネルギー消費が抑えられることを意味する。逆に小動物ほど P_u の値は大きくなるので，単位質量当りにすれば食物をより多く摂取しなければならない。

$$P_u \propto M_b^{-0.25} \tag{2.10}$$

基礎代謝率に関する 0.75 乗則は，人間にも当てはまる。そのため生命活動に関わる重要な法則といえる。基礎代謝率が生物体の質量の 0.75 乗に比例する関係（以降，0.75 乗則と呼ぶことにする）は，3/4 という単純な分数であるので，簡単に理由がつくように思える。すぐに理由として思いつくのは熱放散の考え方であろう。スケーリングの対象となっている動物は恒温動物であるので，生きるために体温を一定に維持する必要がある。身体の熱は体表から発散するので，絶えず熱を発生し続ける必要がある。この熱量が 0.75 乗則と関係しているのではないかと考えるのは自然なことである。では，この考え方で 0.75 乗則が導けるか試してみよう。

簡単のために生物体の形を球形とする。半径 r の球形では体積は式 (2.11) のように求まる。

$$V = \frac{4}{3}\pi r^3 \tag{2.11}$$

また，表面積は

$$S = 4\pi r^2 \tag{2.12}$$

であるので，式 (2.11)，(2.12) からつぎの比例関係が成り立つ。

$$S \propto V^{\frac{2}{3}} \tag{2.13}$$

一方，生体内の熱は表面から発散し，その量は表面積に比例すると考えられる。つまり，単位時間当りに生物が発散する熱量 P は，つぎの式 (2.14) で表せる。

28   2. スケーリングと次元解析

$$P \propto S \tag{2.14}$$

ここで，生物の質量 M_b は，見かけ上の密度が同じと仮定すれば，体積 V に比例する。すると式 (2.13)，(2.14) より，P と M_b にはつぎの関係が成立することがわかる。

$$P \propto M_b^{\frac{2}{3}} \tag{2.15}$$

この式の指数は $2/3 \fallingdotseq 0.67$ であり，$3/4 = 0.75$ にはなっていない。両者の指数の差は，11 % 程度であるので，誤差の範囲内ではないかという意見もあるかもしれない。しかし，指数どうしの比較であるので，1 割以上の違いがあるとさすがに誤差として片付けるわけにはいかず，熱放散ではうまく説明できないという結論になる。このため，熱放散とは異なる考え方で 0.75 乗則を説明する試みがある。このことについては第 3 章で紹介する。

じつは，指数 $2/3$ で生きている生物がいる。爬虫類のワニである[6]。動物園でワニを見る機会があったら，是非彼らの行動を観察してみよう。ワニは用がないときはほとんど身体を動かさず，なかには口を大きく開けたままのもいて，時間が止まったかのように不活発である。われわれ哺乳類では，休息時でも少なからず身体を動かしておりワニの動きと比べると大きな違いがある。

2.4 鼓動のスケーリング

心臓の鼓動も法則性がある。哺乳動物の中で最も身体の小さい動物はトガリネズミである。体重は 3 g 程度で 1 円玉 3 個分しかない軽さであるが，鼓動数は毎分約 1 000 回もある[2]。この値は毎秒に換算するときわめて速いことがわかる。一方，哺乳動物で最も身体の大きいゾウは 3 トンほどになるが，鼓動は毎分 30 回程度と少ない[2]。両者の比率は体重比で 10^6，鼓動比は $1/33$ である。ここで 10^6 に対して平方根を 2 回取ってみよう。平行根 1 回で 1 000，2 回では約 32 という数になる。この数字は 33 に近い。これは偶然ではなく鼓動が 0.25 乗の逆数に比例するためである。鼓動 f_h〔回 /min〕と質量 M_b〔kg〕の間

のスケーリング則は，つぎのようになることが報告されている[7]。

$$f_h \propto 241\, M_b^{-0.25} \tag{2.16}$$

　式中の指数 -0.25 が 0.75 と関係があるように見えるのも偶然ではない。鼓動のスケーリング則は基礎代謝率に基づいている。この指数の導出は第3章の演習問題【3.4】で扱っているので確認してほしい。

2.5　寿命のスケーリング

　動物の寿命 T_{life} について，つぎのようなスケーリング則が報告されている。

哺乳動物[2),8)]：　$T_{life} = 11.8\, M_b^{0.20}$ $\tag{2.17}$

鳥　類[2),9)]　：　$T_{life} = 28.3\, M_b^{0.19}$ $\tag{2.18}$

　寿命は 0.2 乗則になっているように見える。何か理由があるように見えるが，基礎代謝率の 0.75 乗則と同様に指数 0.2 の納得のいく説明はできていない。ちなみに，哺乳動物の式で体重 $60\,\mathrm{kg}$ の寿命を計算してみると 27 歳程度になる。日本人の平均寿命は 80 歳以上なので，人間はこのスケーリング則から外れているように思える。しかしながら，平均寿命は動物も含めて生活環境で大きく変わる。現代では世界的に長寿番付に載るようになった日本人も，歴史を遡ると状況はだいぶ異なっていたようである。縄文時代まで遡ると 15 歳未満で亡くなった人は半分以上に達し，この歳まで生き延びた人も 16 年程度の余命しかなかったといわれている。このため平均寿命はわずか $15 \sim 16$ 年と推定されている[10)]。また江戸時代になると高齢者の割合は多くなっているものの，乳幼児死亡率が依然として高いため，農民の平均寿命は 30 歳に満たなかったという報告もある[11)]。つまり，江戸時代まで遡ると日本人（人間）も式 (2.17) 上に乗ってしまうということになる。文明の発達による生活環境の向上が寿命に大きく貢献しているといえる。

30   2. スケーリングと次元解析

2.6 次 元 解 析

次元解析（dimension analysis）とは，物理現象を支配している物理量どうしの関係を把握する方法である。決まった手順に従って計算を行えば関係式が得られる。つまり，この方法は現象に関係している物理量がわかれば方程式を立てなくても解が得られるという特長がある。ただし，物理量の選定が適切でないと正しい解は得られない。また次元解析だけですべて関係式が求まるというわけではなく限界があることも承知しておく必要がある。しかし，本書のようにさまざまな物理量を扱う場面では，物理的に矛盾のないことをチェックする方法としても利用価値があるので，紹介したい。次元解析の方法として**ロード・レイリー法**（Lord Rayley method）とバッキンガムの π 定理による二つの方法があるが，本書では前者について説明する[12]。

ロード・レイリー法と呼ばれる次元解析は，以下の手順で実施される。

<u>Step 1</u>： 注目する物理現象で必要と思われる物理量を選定し，無次元の実験係数を仮定して冪式による関数関係式をつくる。

<u>Step 2</u>： 両辺の関数式の指数を等しく置いて指数の値を具体的に求めて，所望の関係式を得る。

具体的な例で説明しよう。

例1：　振り子の周期

振り子の周期を求める式は高校の物理の授業で学習していると思うが，ここでは振り子の実験から周期 t〔s〕に影響する要因（物理量）がある程度予想ができているとしよう。まず，周期が振り子の長さ l〔m〕に関係することは実験で容易に確認できる。重力加速度 g〔m/s²〕については，平らな面を傾けた状態で振り子を運動させれば周期に影響することがわかる。振り子の質量 m〔kg〕は周期と関係ないことはすでに学習しているが，ここではあえて入れておくことにする。以上の物理量の選定により，ロード・レイリー法を適用する。

<u>Step 1</u>： 冪式による関数関係式は，つぎのようになる。

2.6 次 元 解 析 *31*

$$t = k\, l^a\, g^b\, m^c \tag{2.19}$$

ここで，k：比例定数（無次元量），$a,\ b,\ c$：適当な指数である。

さて，われわれが使用している SI 単位系（MKS 単位系の拡張版）では，基本量として質量 M，長さ L，時間 T が採用されている[†1]。上述した式 (2.19) の物理量と対応させると，M, L, T を使ってつぎのように表せる。

$$T = (L)^a (LT^{-2})^b (M)^c = T^{-2b}\, L^{a+b}\, M^c \tag{2.20}$$

<u>Step 2</u>：　上式が等式になるには左右の指数を等しくする必要があるので，つぎの式 (2.21) が成立する。

$$\left.\begin{array}{l} 1 = -2b \\ 0 = a + b \\ 0 = c \end{array}\right\} \tag{2.21}$$

これより $a = 1/2$，$b = -1/2$，$c = 0$ と指数が具体的に求まるので，式 (2.21) は

$$t = k\sqrt{\dfrac{l}{g}} \tag{2.22}$$

となる。$k = 2\pi$ とすれば振り子の運動方程式の解と同じになる[†2]。また，周期は振り子の質量 m に依存しないことも次元解析でわかる。

例2：　液体中の音の伝搬速度

液体中を伝搬（伝播）する音は $1\,000 \sim 1\,500\,\mathrm{m/s}$ の速度で進む。音の伝搬速度 $c\,[\mathrm{m/s}]$ は液体の密度 $\rho\,[\mathrm{kg/m^3}]$ と体積弾性係数 $K\,[\mathrm{Pa}]$ の二つの物理量が関係していることがわかっているとする。なお，あまりなじみのない物理量の単位は，**表 2.1** をご覧いただきたい。

<u>Step 1</u>：　冪式による関数関係式は

$$c = k\, \rho^a\, K^b \tag{2.23}$$

---

†1　これを M-L-T 系と呼ぶ。このほかに質量 M の代わりに力 F を基準にした F-L-T 系がある。半世紀前の論文では F-L-T 系（いわゆる重力単位系）で議論されている場合が多いので，単位の扱いには気をつけよう。

†2　次元解析では，式の基本形は求まるが係数までは求まらない。係数を求めるには振り子の運動方程式を解く必要がある。

32   2. スケーリングと次元解析

表 2.1 諸物理量と次元

特 性	物理量	記 号	SI 単位	M–L–T 系次元
幾何学的変数	長 さ	l	m	L
	面 積	A	m^2	L^2
	体 積	V	m^3	L^3
運動学的変数	時 間	t	s	T
	角速度	ω	rad/s	T^{-1}
	速 度	u	m/s	LT^{-1}
	加速度	a	m/s^2	LT^{-2}
	動粘度	ν	m^2/s	L^2T^{-1}
	流 量	f	m^3/s	L^3T^{-1}
力学的変数	質 量	m	kg	M
	密 度	ρ	kg/m^3	ML^{-3}
	比体積	v	m^3/kg	$M^{-1}L^3$
	力	F	$N\,(=kg\cdot m/s^2)$	MLT^{-2}
	力のモーメント，トルク	T	N·m	ML^2T^{-2}
	圧 力	p	$Pa\,(=N/m^2)$	$ML^{-1}T^{-2}$
	せん断応力	τ	Pa	$ML^{-1}T^{-2}$
	体積弾性係数	K	Pa	$ML^{-1}T^{-2}$
	粘 度	μ	Pa·s	$ML^{-1}T^{-1}$
	仕事，エネルギー	E	$J\,(=N\cdot m)$	ML^2T^{-2}
	仕事率	P	$W\,(=N\cdot m/s)$	ML^2T^{-3}
熱力学的変数	比 熱	C_p	$J/(kg\cdot K)$	$L^2T^{-2}\Theta^{-1}$
	熱伝導率	λ	$J/(s\cdot m\cdot K)$	$MLT^{-3}\Theta^{-1}$

となるので，M，L，T で次元を表すと

$$LT^{-1} = (ML^{-3})^a (ML^{-1}T^{-2})^b = M^{a+b}L^{-3a-b}T^{-2b} \tag{2.24}$$

<u>Step 2</u>：　上式が等式になるには以下の関係が成立する必要がある。

$$\left.\begin{array}{l} 0 = a+b \\ 1 = -3a-b \\ -1 = -2b \end{array}\right\} \tag{2.25}$$

これより，$a = -1/2$，$b = 1/2$ となり，式 (2.23) は

$$c = k\sqrt{\frac{K}{\rho}} \tag{2.26}$$

となる。波動方程式から得られる伝搬速度の式は，$c=\sqrt{K/\rho}$ であるので，これも次元解析だけで式の基本形が求まることがわかる。

ただし，この方法で何でも物理的な関係式が導けるというわけではない。すでに気がついた読者も多いと思うが，指数（a, b, c, …）が多くなると解が一意に定まらない。この場合の議論のためにバッキンガムの π 定理がある。本書の議論では扱わないので割愛するが，工学的に有用な方法なので興味がある方は，専門書（例えば文献 13 など）で勉強していただきたい。

植物の七不思議　　　　　　　　　　　　　　　　　　**その 2：枝の形状**

木の枝や幹は通常はまっすぐ伸びるが，場合によっては向きを変えることがある。図1 は，斜面に生えた植物の枝が向きを変えて上方に伸びている様子である。根元の形状を見るとモーメントを支えるように断面形状が変形していることが伺える。これは 植物の七不思議 その 1 で述べたことと同じ効果である。

図 1　斜面に生えた植物の枝　　　　図 2　木立の中で見上げた風景

ここで注目したいのは，枝の方向である。当たり前に見えるかもしれないが，根元が急に曲がることにより，枝が倒れようとする力のモーメントを小さくしている。中枢神経のない植物でもこのようなことができるというのは興味深い。もう少し観察すると，鉛直方向に伸びていない枝もある。これはすでに別の植物が存在するために枝を真上に伸ばせず，空いている空間を求めて伸びたためと考えられる。このことは木立の中で空を見上げて気づいた（**図 2**）。枝葉が空間を取り合っているように見える。

34   2. スケーリングと次元解析

演 習 問 題

【2.1】　2.2節で紹介した理論に従うと，骨の質量 m_{skel} と生物体の質量 M_b との関係式（スケーリング則）はどのように表せるか考えてみよう。

【2.2】　地上に棲息する哺乳動物でさまざまな骨の質量 m_{skel} と生物体の質量 M_b を比較して，スケーリング則を調べたところ，つぎの式が得られたと報告されている[14]。

$$m_{skel} \propto M_b^{1.08}$$

　指数の値は，【2.1】で求めた理論値よりも少し小さい。その理由を考えてみよう。ちなみに水中に棲息する哺乳動物（クジラ）では，指数がほぼ1であることが報告されている。

【2.3】　基礎代謝率を説明する試みとして，生物を球形としてモデル化して熱放散の考え方で式変形を行ったが指数 0.75 は導出できなかった。これには生物を球形と仮定したのが単純すぎるのではという意見もあると思う。それよりも生物を円柱形として扱うほうが実情に合っていると考えられる[15]。そこで，生物の形を半径 r，体長 l の円柱形としてモデル化して指数 0.75 が導出されるか確認しよう。なお，半径 r，体長 l の2変数なのでこの条件だけでは行き詰まる。そこで，体表面積が最小となる条件を加えて式変形を行ってみよう。円柱形で考えても 0.75 乗則は出てこないことを確認してほしい。

【2.4】　BMI（body mass index）は肥満度を表す体格指数であり，BMI＝体重〔kg〕÷ {身長〔m〕}^{2} で計算される。なぜ，身長の2乗で割っているのか，その理由を考えてみよう。

ヒント ：　基礎代謝率が 0.75 乗則に従うことを認めた上で，基礎代謝率は体表面から放散される熱量に比例すると仮定して式を立ててみよう。その際に身体は円柱形でモデル化しよう。体表面積は円柱曲面が支配的と仮定する。

【2.5】　寿命に関するスケーリング則を眺めていると体重が大きい人ほど長生きできると解釈したくなる。こう考えてはいけない理由を考えてみよう。

【2.6】　壁面付近を流れる粘性流体について考える。壁面では速度勾配があるためにせん断応力が発生する。せん断応力 τ〔Pa〕は，流体の粘性係数 μ〔Pa·s〕と速度勾配 du/dy〔1/s〕の二つの物理量が関係している。せん断応力の関係式を導こう。

【2.7】　一様な円管内を流れる流量 f に関する式を次元解析で求めてみよう。単位時間当りの流量 f は，管の両端の圧力勾配 $\Delta p/l$，円管の半径 r，流体の粘性係数 μ が関係していることがわかっているものとする。

引　用　・　参　考　文　献　　35

【2.8】　4ポンドのローストビーフを 370°F のオーブンで作ると 1 ポンド当り 20 分かかる。同じオーブンで 6 ポンドのローストビーフを作ると 1 ポンド当り何分かかるか求めてみよう（この問題は，文献 16 で紹介されている）。

ヒント1 ：　温度は直接関係する値ではないことに注意。比較の問題なので重さも比として扱えば SI 単位系で議論できる。なお，肉塊の形は相似的であると仮定する（厚さ一定の肉では自明の問題となってしまう）。つまり大きな肉塊をローストした場合，単位質量当りでは時間が短くなるか，それとも長くなるかを問うている。

ヒント2 ：　物理現象としては物質の伝熱問題と解釈できる。調理時間 T_c に影響する物理量として比熱 C_p，熱伝導率 λ，物体の密度 ρ，物体の代表長さ D が考えられる。

引用 ・ 参考文献

1)　Galileo Galilei: Dialogues Concerning Two New Sciences（1638）（訳書：新科学対話（上）（今野武雄，日田節次 訳），岩波書店（1937））

2)　K. Shmidt-Nielsen: SCALING, Cambridge University Press（1984）（訳書：スケーリング：動物設計論 -動物の大きさは何で決まるのか-（下澤楯夫 監訳），コロナ社（1995））

3)　T. A. McMAHON: Size and Shape in Biology, Science, Vol.**179**, pp.1201-1204（1973）

4)　T. A. McMAHON: Allometry and Biomechanics -Limb Bones in Adult Ungulates-, The American Naturalist, Vol.**109**, No.969, pp.547-563（1975）

5)　M. Kleiber: Body Size and Metabolism, Hilgardia, Vol.**6**, pp.315-353（1932）

6)　T. Owerkowicz, R. M. Elsey and J. W. Hicks: Atmospheric Oxygen Level Affects Growth Trajectory, Cardiopulmonary Allometry and Metabolic Rate in the American Alligator（Alligator Mississippiensis）, The Journal of Experimental Biology, Vol.**212**, pp.1237-1247（2009）

7)　W. R. Stahl: Scaling of Respiratory Variables in Mammals, J. Appl. Physiol. Vol.**22**, No.3, pp.453-460,（1967）（鼓動だけでなく呼吸に関するさまざまなスケーリング則を過去の文献データから算出している）

8)　S. L. Lindstedt and W. A. Calder: Body Size and Longevity in Birds, The Condor, Vol.**78**, No.1, pp.91-94（1976）

9)　G. A. Sacher: Relation of Lifespan to Brain Weight and Body Weight in Mammals, Ciba Foundation Symposium - The Lifespan of Animals（Colloquia on Ageing）, Vol.**5**（2008）（式（2.18）は飼育状態の鳥の寿命である。野生の鳥では係数が 17.6 と報告されている）

10)　鬼頭宏：図説 人口でみる日本史，PHP 研究所（2007）

36　　2. スケーリングと次元解析

11) 立川昭二：日本人の病歴，中央公論新社（1976）

12) 青野修：次元と次元解析（応用数学講座第5巻），共立出版（1982）（次元の考え方がわかりやすく説明されている。バッキンガムのπ定理は記載されていない）

13) 本間仁，春日屋伸昌：次元解析・最小2乗法と実験式，コロナ社（1957）（こちらは，バッキンガムのπ定理を中心に解説されている）

14) H. D. Prange, J. F. Anderson and H. Harn: Scaling of Skeletal Mass to Body Mass in Birds and Mammals, Amer. Nat. Vol.**113**, pp.103-122（1979）

15) S. A. Wainwright: Axis and Circumference. The Cylindrical Shape of Plants and Animals., Harvard University Press（1988）（訳書：生物の形とバイオメカニクス（本川達雄 訳），東海大学出版会（1989））

16) T. A. McMahon and J. T. Bonner: ON SIZE AND LIFE, Scientific American Library（1983）

3. 0.75 乗則をめぐる議論

　前章（2.3節）で生物体の質量 M と基礎代謝率 P は 0.75 乗則で結ばれて
いることを紹介した。このスケーリング則は，ハツカネズミからゾウまでの大
きさの異なる種々の恒温動物に当てはまる。両者の体重差は約 10 万倍にもな
るので普遍的な法則といえる。しかし 0.75 乗則は，万人が納得できる説明が
なされていない。一見すると簡単に説明できそうであるが，2.3節で述べたよ
うに熱放散の考え方では，基礎代謝率に現れる指数は 2/3≒0.67 となって
0.75 乗則を説明できない。このため別の観点からの説明が試みられている。

　本章では，0.75 乗則を説明するために提出された二つの学説を紹介する。
ただし，二つとも定説ではない。定説となっていない理論をここで紹介する理
由は，二つの学説がまったく異なる観点から 0.75 乗則の説明を試みており，
その着眼点が興味深いからである。

3.1　弾性相似則モデルによる 0.75 乗則の導出

　基礎代謝率のスケーリングを説明するために，T. A. McMahon は 1973 年に
弾性相似則モデルを提案した[1]。McMahon の着眼点は，重力下での筋肉の活動
である。地上で暮らす動物は，重力に抗して身体の姿勢を保つためにも筋活動
が必要である。特に哺乳動物ではリラックスした状態でも筋肉はつねに働いて
いる。つまり，重力に抗するための筋活動のパワー P_w が基礎代謝率 P に関係
（比例）していると McMahon は考えた。では，身体の姿勢維持に使用される
筋肉のパワーは，動物の質量とどう関係しているのだろうか。

　身体が大きくなると姿勢を維持するための筋肉のパワーもその分，必要とな
る。McMahon は，この筋肉のパワーを見積もるために動物の胴体に関するス

ケーリング則を導入している。第2章で骨の直径と長さが幾何学的な相似にならないことを紹介した。骨の直径は，骨の長さに対して比率以上に太くなるという非線形的な関係である。同様に動物の胴体長さと胴囲も幾何学的な相似関係になっていない。つまり，身体が大きい動物ほど胴体が太くなる傾向がある。その理由は，幾何学的に大きくなると図3.1に示すように重力のために曲がりやすくなるためである。これを防ぐためには胴体の筋断面積を増加させて重力に抗する必要がある。McMahonは，この胴体の曲がりにくさに着目して0.75乗則を以下のように導いている。

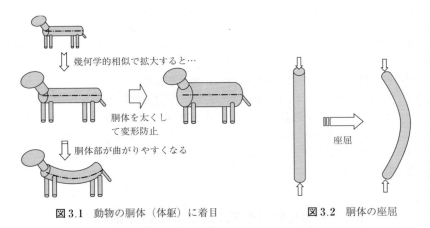

図3.1　動物の胴体（体躯）に着目　　　　図3.2　胴体の座屈

まずMcMahonは，胴体の曲がりにくさを数式で表現するために，まっすぐな棒（はり）の座屈モデルを利用した。動物の胴体を弾性変形するはりのモデルで考えることは，かなり大胆な発想ではあるが，胴体の曲がりにくさにどのような力学的変数が関係しているかを端的に知ることができる。

はりが弾性体の場合，オイラーの座屈条件が使用できる。長さlのはりの両端に荷重Fを加えると図3.2のように座屈する。座屈が生じる関係式は式(3.1)のようになる[†]。

$$F = \frac{\pi^2 EI}{l^2} \tag{3.1}$$

[†] この式の導出過程は 参考 3.1 を参照のこと。

ここで，E：はりのヤング率，I：断面二次モーメントである。オイラーの座屈条件は上端から荷重が加わっているが，動物ではこの設定は明らかに不自然である。このため，動物の胴体が曲がる場合は，荷重Fは外力が加わるのでなく，体重によって生じると考える。このように考えると式 (3.1) のFは，式 (3.2) で見積もられる。

$$F \propto \pi d^2 l \rho g \tag{3.2}$$

ここで，d：胴体の直径，ρ：胴体の見かけ上の密度，g：重力加速度である。円周率πは定数なので比例関係を表す式には必要ないが，式の意味をわかりやすくするために入れている。式 (3.1)，(3.2) からFを消去する。その際に断面二次モーメントIは，動物の胴体を円柱形と仮定すると，$I = \pi d^4/64$となるので，つぎの式 (3.3) が得られる。

$$\pi d^2 l \rho g \propto \frac{\pi^2 E}{l^2} \cdot \frac{\pi}{64} d^4 \tag{3.3}$$

ここで，Eは座屈理論でははりのヤング率であるが，動物では胴体を弾性体と見なしたときの見かけ上のヤング率である。上式をlについて解くと，つぎの式 (3.4) が得られる。なお，円周率π，重力加速度gはこの式では外した。

$$l^3 \propto \frac{d^2 E}{\rho} \tag{3.4}$$

ここで，動物は胴体が座屈しない限り体長が大きいほうが有利と考えられるので，座屈しない胴体長さの最大値という意味を込めてl_{K}で表すと式 (3.5) のように表せる。

$$l_{\mathrm{K}} \propto \left(\frac{E}{\rho}\right)^{\frac{1}{3}} d^{\frac{2}{3}} \tag{3.5}$$

　動物の見かけ上のヤング率Eと，平均密度ρは動物間で一定と考えれば，胴体長さと胴囲の関係として，つぎの式 (3.6) が得られる。

$$l_{\mathrm{K}} \propto d^{\frac{2}{3}} \tag{3.6}$$

ところで，動物の質量M_{b}は，円柱状の胴体質量で代表されると考えれば

$$M_{\mathrm{b}} \propto d^2 l_{\mathrm{K}} \tag{3.7}$$

40   3. 0.75乗則をめぐる議論

であるので，式 (3.6) を使って l_k を消去すれば，式 (3.8) が得られる。

$$d \propto M_b^{\frac{3}{8}} \tag{3.8}$$

つまり，動物の質量 M_b と胴体の直径 d の関係が得られた。つぎに，この式と筋肉の活動との関係を考える。筋肉は，重量の影響による胴体の座屈を防ぐために絶えず活動している。この仕事量は，以下のような式で見積もられる。

$$W \propto \sigma A \varDelta l \tag{3.9}$$

ここで，σ：単位面積当りの収縮力，A：筋肉の断面積，$\varDelta l$：収縮長さである。単位時間当りの仕事量 P_w は，収縮時間 $\varDelta t$ を用いると式 (3.10) のように表せる。

$$P_w \propto \sigma A \frac{\varDelta l}{\varDelta t} \tag{3.10}$$

ここで，$\varDelta l / \varDelta t$：筋肉の収縮速度であり，$\sigma$ とともに筋肉組織の力学特性である。これらの値は動物の種によって変化しないと考えられるので，式 (3.11) のようになる。

$$P_w \propto A \tag{3.11}$$

つまり，P_w は A に比例することになる。ここで，筋肉の断面積 A は d^2 に比例すると考えられるので，式 (3.12) が成立する。

$$P_w \propto d^2 \tag{3.12}$$

基礎代謝率 P は，P_w に比例すると考えているので，式 (3.8) を使って d を消去すると，式 (3.13) のように代謝率に関するスケーリング則が得られる。

$$P \propto M_b^{\frac{3}{4}} (= M_b^{0.75}) \tag{3.13}$$

以上，少し込み入った説明になったがアロメトリー式の指数 0.75 を導出することができた。ここで復習の意味で弾性相似則モデルによる 0.75 乗則の導出の枠組みを図式的にまとめておこう。

図 3.3 をご覧いただきたい。「上位概念」，「法則性の考察」，「現象の観察」に分けている。「上位概念」とは，いろいろな事柄を包括する考え方であり，

3.1 弾性相似則モデルによる0.75乗則の導出

上位概念：地上のすべての動物は重力の影響を受けており，身体の姿勢維持には筋活動が必要である。

法則性の考察：重力に抗して体形を維持するパワーの見積もりを M_b で表現する。
（0.75乗則を説明するためのモデル化）

現象の観察：大きな動物ほど胴体が体長に対して太い。
（姿勢維持に関係）

図 3.3 弾性相似則モデルによる 0.75 乗則の導出の枠組み

この適用範囲が広いほど効力が大きい[†]。ここに対応するのは，「地上のすべての動物は重力の影響を受けており，身体の姿勢維持には筋活動が必要である。」という考え方である。一番下の「現象の観察」に相当するのは，種々の動物の体形を観察したときに「大きな動物ほど胴体が体長に対して太い」という事柄である。この上位概念と現象の観察を結びつけるために中段部の「法則性の考察」が必要であり，「重力に抗して体形を維持するパワーの見積もり」を式で導出するという図式になっている。

このような論理で 0.75 乗則が導出できたわけだが，ここに至るまでにたくさんの仮定を置いている。以下にまとめて示す。

① 基礎代謝率に重力が関与している。
　（身体の姿勢を維持するエネルギーに関係）
② 動物の胴体は弾性体で近似できる。
　（材料が一様な円柱とみなすことができる。）
③ 胴体の折れ曲がりにくさにオイラーの座屈条件を適用可能である。
④ 動物の休息時も体形維持のために筋肉が働いている。
⑤ 座屈条件の荷重は動物の質量に比例する。
⑥ 筋肉の動作特性はどの動物も同じである。

[†] 上位概念とは，より一般的，より総称的，より抽象的なものを指し，理科系では特許関係でよく用いられる。特許の請求範囲を上位概念で記載すると特許権の効力が大きくなる。学説では，適用範囲が広いほど説得力があると評価される。

42   3. 0.75 乗則をめぐる議論

⑦　動物全体の質量は胴体の質量に比例する。

　以上の仮定の中で，特に胴体の曲がりにくさをオイラーの座屈条件から求めていることが気になるという読者は多いと思う。そもそも動物に座屈条件が適用できるのかという疑問である。この疑問があるために万人が納得する学説にはなっていない。しかし，重力下での筋肉活動に着目した点は大いに評価できると筆者は考えている。

3.2　生体組織の自己相似性に着目した学説

　前節で紹介した McMahon の学説では，動物が休息している状態でも重力の影響を受けており，体形を維持するための筋肉の消費パワーを見積もることで 0.75 乗則を導いている。これに対して 1997 年に発表された West らの学説[2]は，重力とはまったく別の要因から 0.75 乗則の説明を試みている。彼らが注目したのは血液の流れである。血液循環の役目は，動物の体内に絶えずエネルギーを供給することであり，これは代謝率 P に関係している。大きな動物ほど血液流量が大きいことは容易に想像できる。では，血液と動物の質量 M_b を関係づけることはできるのだろうか。

　West らの学説では，動物の質量 M_b を見積もるために，毛細血管に注目している。毛細血管は，大動脈からつぎつぎと血管が分岐した最終端であり，太さや長さは動物によらず同じである。毛細血管に至るまでの血管の分岐回数は，大きな動物ほど多いので毛細血管の総本数も多くなり，この値は動物の質量 M_b に関係していると考えられる。ではどうやって毛細血管の総本数を算出したらよいのか。彼らが注目したのは，血管分岐の自己相似的な構造である。自己相似的とは，スケールを変えても同じような構造が見られる特徴であり，フラクタル構造といわれている[†]。このフラクタル構造を利用して毛細血管の総本数を見積もっている。

---

　†　フラクタルの説明は 参考 3.2 を参照していただきたい。

3.2 生体組織の自己相似性に着目した学説

Westらが0.75乗則を導出する過程は少し込み入っているので,彼らが使用した仮定を以下に挙げておく。これらを説明しながら0.75乗則の導出を述べていこう。

① 血管はフラクタル構造をしている。
② 血管断面の総面積は各分岐レベルで同じである。
③ 血管は三次元空間に充填的に張りめぐらされている。
 (生体組織の活動を維持するため。)
④ 毛細血管は動物によらず同じスケール,特性になっている。
⑤ 動物の質量は体内の総血液量に比例する。

まず,仮定①より図3.4のような血管モデルを考える。大動脈から毛細血管までの分岐を考えている。この図では,原著論文と同じく分岐本数は1本の血管が3本に分岐しており,$n=3$としているが2分岐の血管モデル,つまり$n=2$で考えてもよい。また,Nは血管の分岐回数であり,N回血管が分岐すると毛細血管に至るとしている。

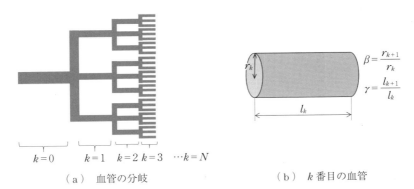

(a) 血管の分岐 (b) k番目の血管

図3.4 血管モデル (文献2を参考にして作成)

この血管モデルは同じ分岐構造なので,k番目の分岐で血管の本数がN_kであるとすると,以下の関係が成り立つ (NとN_kの意味は異なるので注意してほしい)。

$$n = \frac{N_{k+1}}{N_k} \tag{3.14}$$

44   3. 0.75乗則をめぐる議論

また，分岐するごとに血管の長さ l と半径 r は一定比率で変化するとしているので，以下の関係が成立する。

$$\beta = \frac{r_{k+1}}{r_k} \tag{3.15}$$

$$\gamma = \frac{l_{k+1}}{l_k} \tag{3.16}$$

仮定 ② より，以下の関係が得られる。

$$N_k r_k^2 = N_{k+1} r_{k+1}^2 \tag{3.17}$$

ここで，N_k：分岐 k 回目の血管総数，r_k：分岐 k 回目の血管半径である。血管本数 N_k, N_{k+1} と分岐本数 n との間に式 (3.14) の関係があるので，式 (3.17) を変形して

$$\beta = \frac{r_{k+1}}{r_k} = n^{-\frac{1}{2}} \tag{3.18}$$

が得られる。

つぎに，仮定 ① と ③ より分岐 k 回目でのすべての血管が受け持つ生体組織の体積は k によらず大体等しいとすると

$$N_k l_k^3 \approx N_{k+1} l_{k+1}^3 \tag{3.19}$$

と表せるので

$$\frac{l_k^3}{l_{k+1}^3} \approx n \tag{3.20}$$

となる†。

式 (3.19)，(3.20) より，式 (3.21) が得られる。

$$\gamma = \frac{l_{k+1}}{l_k} = n^{-\frac{1}{3}} \tag{3.21}$$

仮定 ④ は，毛細血管を基準として基礎代謝率を評価するのに重要である。分岐回数 N で毛細血管に達し，毛細血管の長さ l_N, 半径 r_N, 血管内の平均流速 u_N はどの動物でも一定である。

仮定 ⑤ は，総血液量 V_b は動物の質量 M_b と比例することを意味しており，

---

† 式 (3.20) が成立する理由については 参考 3.3 を参照していただきたい。

以下のスケーリング則を仮定している。

$$V_\mathrm{b} \propto M_\mathrm{b} \tag{3.22}$$

実際，Stahl の報告[3] によれば以下の実験式となっており，指数はほぼ 1 である。ここで V_b と M_b の単位は ml，kg である。

$$V_\mathrm{b} = 65.6\,M_\mathrm{b}^{1.02} \tag{3.23}$$

総血液量 V_b は分岐した血管の体積の和となるので，以下のように表せる。

$$\begin{aligned}
V_\mathrm{b} &= \sum_{k=0}^{N} N_k V_k = \sum_{k=0}^{N} n^k \pi r_k^2 l_k = \pi r_0^2 l_0 \sum_{k=0}^{N} (\beta^2 \gamma n)^k \\
&= \pi r_N^2 l_N (\beta^2 \gamma)^{-N} \frac{1-(\beta^2 \gamma n)^{N+1}}{1-\beta^2 \gamma n}
\end{aligned} \tag{3.24}$$

最後の式は等比級数の和の公式を使用している。ここで等比部分 $\beta^2 \gamma n$ は，式 (3.18)，(3.21) を使って，つぎの式 (3.25) のようになる。

$$\beta^2 \gamma n = (n^{-\frac{1}{2}})^2 n^{-\frac{1}{3}} n = n^{-\frac{1}{3}} = \frac{1}{n^{\frac{1}{3}}} \tag{3.25}$$

この式から分岐本数 n は，2 以上（図 3.4 では $n=3$）なので $\beta^2 \gamma n$ は 1 より小さい値になることがわかる。

毛細血管に至るまでの分岐回数 N の値は 22～34 であり，大きな動物ほど値が大きい。小動物でも N は 20 以上あるので式 (3.24) の $(\beta^2 \gamma n)^{N+1}$ は限りなく 0 に近くなる。毛細血管の長さ l_N，半径 r_N も定数であることに注意すると血管内の体積（＝総血液量）は式 (3.26) のように書ける。

$$V_\mathrm{b} \propto (\beta^2 \gamma)^{-N} \propto n^{\frac{4}{3}N} \tag{3.26}$$

したがって，式 (3.22) より質量 M_b との関係は式 (3.27) のように表せる。

$$M_\mathrm{b} \propto n^{\frac{4}{3}N} \tag{3.27}$$

これで動物の質量 M_b が血管の分岐本数 n と分岐回数 N のみで表せた。

一方，基礎代謝率 P は，単位時間当りの血液流量 $\dot{Q}_0$ に比例する（$P \propto \dot{Q}_0$）と考えるのが妥当である。仮定 ② より血管流量はどの血管分岐でも同じであることと仮定 ④ より毛細血管での半径 r_N，平均流速 u_N が定数であることに注意すると，つぎの関係式が導ける。

3. 0.75 乗則をめぐる議論

$$\dot{Q}_0 = N_k \dot{Q}_k = N_k \pi r_k^2 \overline{u}_k = N_N \pi r_N^2 \overline{u}_N \propto n^N \tag{3.28}$$

血管流量も血管の分岐本数 n と分岐回数 N のみで表せたことになり，基礎代謝率 P は

$$P \propto \dot{Q}_0 \propto n^N \tag{3.29}$$

となる．したがって式 (3.27)，(3.29) より n と N を同時に消去して 0.75 乗則

$$P \propto M_b^{\frac{3}{4}} (= M_b^{0.75}) \tag{3.30}$$

が導ける．

フラクタルモデルの場合についても，0.75 乗則の導出の枠組みを図 3.5 にまとめておく．フラクタルモデルは，「血管は動物によらず似たような構造になっている」が具体的な事例（現象）となる．なぜこの血管構造に着目したのかの根拠が上位概念となる．それは，「どの動物も毛細血管が生命活動に重要な役割を果しており，生体組織レベルで支配的に作用している」という考えである．上位概念と現象を結ぶために，「活動エネルギー（血液流量）と M_b を毛細血管の総数で表現する」ことを試みて法則を導いている．フラクタルモデルは，この法則を導くために必要な道具立ての位置づけとなっている．

上位概念：どの動物も毛細血管が生命活動に重要な役割を果たしており，生体組織レベルで支配的に作用している。

法則性の考察：活動エネルギー（血液流量）と M_b を毛細血管の総数で表現する。
(0.75 乗則を説明するためのモデル化)

現象の観察：血管は動物によらず似たような構造になっている。

図 3.5　フラクタルモデルによる 0.75 乗則の導出の枠組み

ただし，West らが用いた数理モデルでは，式 (3.17) からわかるように血管の分岐前と後で血管の断面積の和が変化しない，つまり血液の流速が変化しないと仮定している．これは，つぎの第 4 章で紹介する血管の 3 乗則とは合致し

ない[†]。

参考 3.1：オイラーの座屈条件について

オイラーの座屈条件式は以下のように導かれる。

オイラーの座屈条件は，図3.6のような細長い一様なはりに適用される。はりのたわみの方程式は次式から導かれる。

$$\frac{d^2y}{dx^2} = -\frac{T}{EI} \tag{3.31}$$

ここで，T：はりの各部で受けるモーメント，E：はりのヤング率，I：はりの断面二次モーメントである。モーメント T は，中心軸からの距離 x によって変化し，上端部からの力 F と中心軸からの変位 y を用いてつぎの微分方程式が得られる。

$$EI\frac{d^2y}{dx^2} + Fy = 0 \tag{3.32}$$

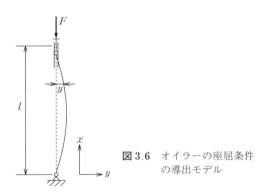

図3.6 オイラーの座屈条件の導出モデル

この微分方程式の解は式 (3.33) のようになる。

$$y = C_1 \cos \alpha x + C_2 \sin \alpha x \tag{3.33}$$

境界条件は

$x=0$ で $y=0$ より $C_1=0$，また，$x=l$ で $y=0$ より $C_2 \sin \alpha l = 0$

[†] Westらの数理モデルでは分岐前後で総断面積が変化しないので，2乗則が成立していることになる。2乗則ではすべての血管で大動脈と同じ血液流速となる。しかし，実際の最大血流速度は大動脈で約 100 cm/s であるが細動脈では約 0.75 cm/s と減速し，毛細血管にいたっては 0.07 cm/s と著しく遅い[4]。このため，Westらは大動脈から始まる血管分岐の前半では，2乗則が成立するが，毛細血管に近くなる後半部は3乗則になると説明している。巧みな説明ではあるが，このモデルの主役である毛細血管が2乗則となっていないことになり，モデル自体に釈然としない印象が残る。

である．2番目の境界条件で $C_2=0$ は意味がない．結局，$\alpha l = m\pi$（m は整数）が成立する必要があり，次式のオイラーの座屈条件式が得られる．図のはりの曲がり方は $m=1$ のときに相当する．

$$F = m^2 \frac{\pi^2 EI}{l^2} \tag{3.34}$$

参考 3.2：フラクタルについて

フラクタルは，数学者マンデルブロー（Mandelbrot）が1975年に提唱した概念である[5]．物が壊れて不規則な状態になったという語源（fractus）から命名された．一見すると不規則な形（パターン）でも規則性が見出されるという特徴がある．

図 3.7 は，コッホ曲線と呼ばれるフラクタル図形である．王冠状の形（ℳ）が至るところで観察される．もう少し詳しく見てみると，デバイダの幅1で示した部分は，全体の図形と形が同じで（相似），大きさが1/3であることがわかる．このデバイダ幅1で示した部分と同じ大きさで同じ形の部分は，全体の図形の中に計4個ある．また，このデバイダ幅の1/3の部分には，やはり形が同じでデバイダの幅1で示した部分の1/3の大きさの図形がある．この図形は全体の図形の中に計16個ある．つまり，コッホ曲線は自己相似性を持つ図形なのである．

フラクタルの特徴は，デバイダで測定される距離に現れる．図3.7に示すように初めのデバイダの幅を1として，コッホ曲線の左端から右端までの距離を測定してみよう．すると，端から端まで4回デバイダを動かせば到達するので，距離は $1 \times 4 = 4$

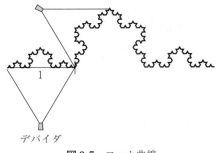

図 3.7　コッホ曲線

表 3.1　デバイダの幅と測定距離

デバイダの幅	測定回数	デバイダによる総距離
1	4	4
1/3	16	5.33
1/9	64	7.11

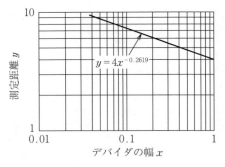

図 3.8　コッホ曲線のデバイダの幅と測定距離

となる。同様にして，初めの1/3の幅のデバイダで測定すると，16回動かすことになるので，(1/3)×16＝5.33の距離となる。さらにデバイダの幅を1/3にして初めの幅の1/9にすると64回の移動となるので(1/9)×64＝7.11となる（**表3.1**）。これを両対数軸で描くと**図3.8**のように右肩下がりのグラフとなる。この傾きが大きいほど図形の複雑度が高くなる。

フラクタル次元 D は，図形の複雑性を表しており，グラフの傾斜角 a が得られると $D=1-a$ で表せる。コッホ曲線の場合は，$D=1.26$ となる。自然界には完璧に自己相似性の形は存在しないが，リアス式海岸のような地形では地図を利用して図3.8に相当するグラフを作成すると，ほぼ右肩下がりの直線になり，フラクタル次元を求めることができる。なお，2次元の図形の場合，フラクタル次元は，どんなに複雑でも2よりも大きい値にはならない。

参考 3.3：式（3.20）の説明

文献2では，式（3.20）の導出については述べられていないので，筆者の見解で解説する。まず式（3.19）の意味については，**図3.9**のような樹状の血管分岐を考えると理解しやすいと思う。ただし，図は2次元表示なので，実際は3次元的に分岐されているとイメージしていただきたい。左側半分は右側と比べて分岐が1段進んでいる。血管末端部分では，周辺組織へ栄養物を供給あるいは老廃物の回収を行う必要がある。

ここで，血管が周辺組織を担当しなければならない領域について考えてみると，分岐が1段進めば血管数が n 倍に増えるが，血管の直径と長さは短くなる。式（3.19）

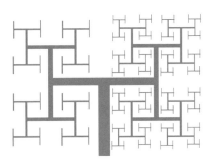

図3.9　樹状の血管分岐
（文献5を参考にして作成）

半径：R　　　半径：$10R$
長さ：L　　　長さ：$0.01L$
体積：$\pi R^2 L$　　体積：$\pi R^2 L$
壁面面積：$2\pi RL$　壁面面積：$0.1\times 2\pi RL$

（a）細い血管　　（b）太い血管

図3.10　血管長さ壁面面積の比較

は，血管壁から栄養物を供給，老廃物を回収する能力は，血管長さの3乗と血管本数の積に等しいと解釈される。つまり，血管内の血液量ではなく，血管長さが能力を決めているとしている。

そこでつぎに，なぜ血管の体積でなく，血管長さの3乗になるのかを考えるために，**図3.10**のように同じ体積で血管の直径が10倍異なる設定をしてみる。細胞に栄養供給（あるいは老廃物を回収）する能力は，血管壁面の面積に比例すると考えられるので，この面積を比較してみると，細い血管のほうが10倍大きいことがわかる。つまり，直径の大きさよりも血管長さが支配的になると考えられる。式 (3.19) が成立することを認めれば，式 (3.20) は $N_k = nN_{k+1}$ の関係からすぐに導ける。

演 習 問 題

【3.1】 2.2節では，生物体の質量は代表長さの3乗に比例するとして骨のスケーリング則を導出した。つまり幾何学的相似則を適用している。それでは3.1節で紹介した弾性相似則モデルを骨に適用した場合，矛盾が生じないか考えてみよう。

【3.2】 身長10 mの巨人を想定し，身体と運動性について考察してみよう。

（1） 身体形状が弾性相似則に従った場合，この巨人の胴囲は，身長1.7 m，胴囲0.9 mの人間に対して何倍になるか計算してみよう。

（2） 巨人の機敏さを評価するために，胴回りの角加速度（角速度の微分値）を見積もってみよう。値が大きいほど速く向きを変えられるので，機敏さの尺度になる。人間を基準にして何倍になるだろうか。

ヒント： 胴体まわりの慣性モーメントを I，筋肉で発生する胴体まわりのモーメント（トルク）T，角加速度を α とすると $I\alpha = T$ の関係がある。I と T は，適当な仮定をおいて胴の直径 d と身長 l を使ってスケーリング表示を試みよう。

【3.3】 サケやマグロのような遠距離を泳ぐ魚は，$U \propto l^{1/2}$ と表せることが報告されている[6]。ここで，U：魚の遊泳速度，l：魚の体長である。この関係は，以下のスケーリングの考え方で導くことができるので確認してみよう。

（1） 魚の体形が弾性相似則に従うと仮定して，体長 l と質量 M のスケーリング則が $l \propto M^{1/4}$ となることを示しなさい（魚を円柱形でモデル化する）。

（2） 魚の体表面積 S は $S \propto M^{5/8}$ となることを示しなさい（円柱の曲面が支配的と考える）。

（3） 魚類の基礎代謝率を P とすると $P \propto M$ が成立することが知られている。魚が長時間遊泳するときには，遊泳時に必要なパワー P_w は，基礎代謝率にほぼ等しいと考えられる。抵抗力は $D = 0.5\rho C_d S U^2$ であるので，速度 U で遊泳するときの

パワーは $P_w = DU = 0.5\rho C_d S U^3$ となる。ここで ρ：流体の密度，C_d：流体中を移動する物体の抵抗係数であり一定と考える。以上の関係を使って，$U \propto l^{1/2}$ を導きなさい。

【3.4】 生物体の質量 M_b と鼓動数 f_h に関するスケーリング則（2.4節で解説）を以下の手順で導いてみよう。

（1） 心臓を薄肉の球殻と考える。球殻の半径を r，厚さを t，内圧を p とすると，薄肉に発生する応力は材料力学の知識より $\sigma = 0.5pr/t$ となる。応力は筋収縮力に相当し，動物によらず等しい。また，内圧も心臓の大きさによらず一定である。これらを使って t と r の関係をアロメトリー式で示しなさい。

（2） 生物体の質量 M_b と心臓の質量 m には比例関係があることが知られている[7]。このことから心臓の1拍分の体積 v が質量 M_b に比例することを（1）の式を利用して示しなさい。

（3） 心臓から送り出される血液量は全身を活性化するパワーを供給しているので，つまり単位時間当りの血液量は基礎代謝率に比例する。このことを利用して生物体の質量 M_b と鼓動数 f_h のアロメトリー式を導きなさい。

（4） Jürgens らの研究報告[8]によると体重2.7gのトガリネズミは，1分間に970回鼓動する。このデータを使用してアロメトリー式の係数を求めてみよう。つぎに自分の心臓の鼓動回数を計測し，アロメトリー式から求めた値と比較しなさい（鼓動数のオーダー，つまり数値の桁が合っているかを確認する）。

【3.5】 複雑な海岸線の地形を選んで，デバイダで2点間の距離を算出して，両対数グラフを描き，フラクタルになっているか確かめよう。

注意： 人工的な地形は避けること。

引用・参考文献

1) T. A. McMahon: Size and Shape in Biology, Science, Vol.**179**, pp.1201–1204（1973）

2) G. B. West, J. H. Brown and B. J. Enquist: A General Model for the Origin of Allometric Scaling Laws in Biology, Science, Vol.**276**, pp.122–126（1997）

3) W. R. Stahl: Scaling of Respiratory Variables in Mammals, Journal of Applied Physiology, Vol.**22**, pp.453–460（1967）

4) 日本機械学会 編：生体機械工学, p.72, 日本機械学会（1997）

5) B. B. Mandelbrot: THE FRACTAL GEOMETRY OF NATURE, W. H. Freeman and Company（1977）

6) J. R. Brett: The Relation of Size to Rate of Oxygen Consumption and Sustained

Swimming Speed of Sockeye Salmon (Oncorhynchus nerka), Journal of the Fisheries Research Board of Canada, Vol.22, No.6, pp.1491-1501 (1965)

7) J. Prothero: Scaling Blood Parameters in Mammals, Comp. Biochem. Physiology, Vol.67A, pp.649-657 (1980)

8) K. D. Jürgens, R. Fons, T. Peters, S. Sender: Heart and Respiratory Rates and Their Significance for Convective Oxygen Transport Rates in the Smallest Mammal -the Etruscan Shrew Suncus Etruscus-, J. Exp. Biol, Vol.199, pp.2579-84 (1996)

4. 血管の分岐

本章では，血管の分岐に関するスケーリング則について述べる。同様な分岐に関する法則として，枝の質量が枝の半径の2.5乗に比例するというスケーリング則を第1章で紹介している。この樹木のスケーリング則の導出過程と今回紹介する血管の分岐法則の導出過程とを比べてみると，分岐の法則性に力学が深く関わっていることを理解できると思う。また本章では，血管分岐のスケーリング則が血管のリモデリングに関係していることも紹介したい。

4.1 血管の3乗則

樹木の法則性について報告したMurrayは，血管の分岐にも同様な法則性が存在することを報告している[1]。すなわち**図4.1**に示す血管の分岐では，式(4.1)において$n=3$が成立することを示している。ここで，r_0は入口側の血管半径であり，r_1，r_2は分岐した出口側の血管半径である。本書では，この関係式を血管の3乗則と呼ぶことにする。Murrayは，血管の3乗則を理論的に

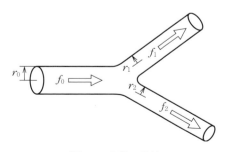

図4.1 血管の分岐

示しているが，計測実験による検証は行っていないようである．のちにいくつかの研究グループによってnが3に近い値であることが確認されている[2]．

$$r_0^n = r_1^n + r_2^n \tag{4.1}$$

まず，血管の3乗則がMurrayの提案した最小仕事モデルを使って導けることを紹介しよう．図4.2に示すような半径r，長さlの1本の血管について考える．そして，この血管内を通過する流量（単位時間当りの血液体積）をfとする．

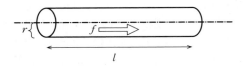

図4.2 Murrayの血管モデル

血液の供給は，諸器官の活動を維持するのに不可欠である．ただし，多すぎると無駄になり，少なすぎると支障をきたす．このため，生命を維持するには適度な血液流量が必要と考えられる．

ここで，血液流量fと血管長さlを一定にして血管半径rを変化させたときの機械的エネルギーについて考えてみよう．この機械的エネルギーを供給するのは，血液を送り出す心臓である．血管半径rが小さくなると，血管内に同じ血液流量fを流すためには流速を上げなければならない．これは血管内の粘性抵抗が増して機械的エネルギーの増大につながる．逆に血管半径rが大きくなると，血液は低速で流れればよいので粘性抵抗も減り，機械的エネルギーは減少する．これが機械的エネルギーから見た血管の特性である．

一方，血液が諸器官の生命活動を支援するためには血液を活性化させておくためのエネルギーが必要である．この活性化エネルギーは血液内の化学物質の交換に関与しているので，化学的エネルギーといえる．化学物質の交換は，血液体積に比例して増大するので，それに比例して化学的エネルギーも増大する．以上の議論をまとめると，つぎのようになる．

$$\cdot\ \text{血管半径が減少} \begin{cases} \rightarrow \text{粘性抵抗が増大} \rightarrow \text{機械的エネルギーの増大} \\ \rightarrow \text{管内血液が減少} \rightarrow \text{化学的エネルギーの減少} \end{cases}$$

$$\cdot\ \text{血管半径が拡大} \begin{cases} \rightarrow \text{粘性抵抗が減少} \rightarrow \text{機械的エネルギーの減少} \\ \rightarrow \text{管内血液が増大} \rightarrow \text{化学的エネルギーの増大} \end{cases}$$

　つまり，血液循環を行うのに適した半径の値は，血管内で消費される機械的エネルギーと化学的エネルギーのトレードオフで決定されると予想される。そこで，評価関数 F として，単位時間当り血管内で消費されるエネルギーの和を考えることにする。

$$F = P_{\mathrm{m}} + P_{\mathrm{c}} = \Delta p f + kV \tag{4.2}$$

ここで，V は血管内の血液体積であり，k は単位時間当りに消費される機械的エネルギー P_{m} と化学的エネルギー P_{c} の次元を調整する定数である[†1]。

　血管内の血液は，**ハーゲン・ポアズイユ流れ**（Hagen-Poiseuille flow）に従うと仮定すると，長さ l の血管の圧力差が Δp である場合は次式が成立する[†2]。

$$f = \frac{\Delta p}{l} \frac{\pi r^4}{8\mu} \tag{4.3}$$

ここで，μ は粘性係数である。すると評価関数 F は，次式のように表せる。

$$F = \frac{8\mu f^2 l}{\pi r^4} + k\pi r^2 l \tag{4.4}$$

　評価関数 F を r について偏微分する（r 以外の変数は一定として微分する[†3]）と $\partial F / \partial r = 0$ より

---

†1　$P_{\mathrm{m}} = \Delta p f$ で表せることを 参考 4.1 に示しておく。

†2　ハーゲン・ポアズイユ流れの導出は流体力学の基本的学習事項であるが，念のため式の導出方法を 参考 4.2 に示しておく。なお，血液は非ニュートン流体であるので，正確にはハーゲン・ポアズイユ流れに従わない。ここでは概略的に挙動を把握するために式 (4.3) で議論している。

†3　図 4.2 の血管モデルでは，血管半径 r を血管長さ l に関係なく変化させたときの影響を見ている。つまり，式 (4.4) のほかのパラメータは一定として r について偏微分している。

56   4. 血 管 の 分 岐

$$\frac{f}{r^3} = \frac{\pi}{4}\sqrt{\frac{k}{\mu}} = const.$$ (4.5)

という関係が得られ，f/r^3 は定数となることがわかる。つぎに，血管内に流れる流量に注目する。入口側，出口側の流量を f_0, f_1, f_2 とすると，それぞれの血管で式（4.6）が成立する。

$$\frac{f_0}{r_0{}^3} = \frac{f_1}{r_1{}^3} = \frac{f_2}{r_2{}^3}$$ (4.6)

分岐前と分岐後の血液の体積は変化しない（$f_0 = f_1 + f_2$）ことを考慮すれば，つぎの式（4.7）の血管の3乗則が導ける。

$$r_0{}^3 = r_1{}^3 + r_2{}^3$$ (4.7)

4.2 血管の分岐角度

Murray は上述の議論を発展させ，血管の分岐角度に関する関係式も求めている[3]ので，これについても紹介しよう。

まず，式（4.2）の評価関数 F が最小となる式を求めてみる。最小値は式（4.5）が成立している場合であるから，これを式（4.4）に代入すれば式（4.8）が得られる。

$$F = \frac{3}{2}k\pi l r^2$$ (4.8)

この式は，$l r^2$ を含んでいることから血液体積に比例している。つまり，単位時間当りのエネルギーを最小とする条件は，血管内の体積を最小にする条件と等価であることがわかる。

つぎに図 4.3（a）のような血管の分岐を考えることにする。血管の端となっている S，A，B の3点を固定して中央の分岐点 P を少しだけ動かしたときの F の値に注目する。もし分岐点 P が最適な位置であるならば，少しでもずれると F の値は増加するはずである。

そこで，血管内の体積を最小化する方針で最適な分岐角度を求めることにす

4.2 血管の分岐角度　　57

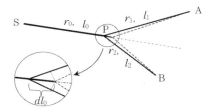

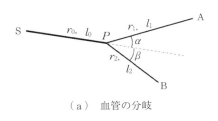

（a）　血管の分岐

（b）　半径 r_0 の血管が dl_0 だけ伸びた場合

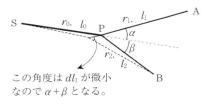

（c）　半径 r_1 の血管が dl_1 だけ伸びた場合

図 4.3　血管の分岐角度を議論するためのモデル
（文献 3 を参考にして作成）

る。血管分岐を一つのシステムとして考えると，分岐点が最適な位置になっているならば分岐点の微小移動による血液体積の増減はバランスしていなければならない。

　図（b）に示すように血管の端点 S，A，B を固定して，分岐点 P を仮想的に微小な距離 dl だけ動かしたときの式 (4.8) の変化を具体的に考えてみる。例えば半径 r_0 の血管の長さが dl_0 だけ伸びたとすると，この血管では体積増加分が $r_0^2 dl_0$ となる。一方，半径 r_1，r_2 の血管はその分だけ短くなる。この長さは幾何学的な関係からそれぞれ $dl_0 \cos\alpha$，$dl_0 \cos\beta$ と近似的に表現できるので，減少した体積分はそれぞれ $\pi r_1^2 dl_0 \cos\alpha$，$\pi r_2^2 dl_0 \cos\beta$ となる。つまり，式 (4.9) が成立する。

$$r_0^2 dl_0 = r_1^2 dl_0 \cos\alpha + r_2^2 dl_0 \cos\beta \tag{4.9}$$

　同様な考え方で分岐点 P において半径 r_1 の血管が dl_1 だけ伸びた場合は，図（c）のようになり，体積バランスを考えると式 (4.10) となる。同様に半径 r_2 の血管が dl_2 だけ伸びた場合は式 (4.11) が得られる。

58　4. 血 管 の 分 岐

$$r_1^2 dl_1 = -r_2^2 dl_1 \cos(\alpha+\beta) + r_0^2 dl_1 \cos\alpha \tag{4.10}$$

$$r_2^2 dl_2 = -r_1^2 dl_2 \cos(\alpha+\beta) + r_0^2 dl_2 \cos\beta \tag{4.11}$$

以上の式から，以下の関係式が得られる．

$$\cos\alpha = \frac{r_0^4 + r_1^4 - r_2^4}{2r_0^2 r_1^2} \tag{4.12}$$

$$\cos\beta = \frac{r_0^4 - r_1^4 + r_2^4}{2r_0^2 r_2^2} \tag{4.13}$$

$$\cos(\alpha+\beta) = \frac{r_0^4 - r_1^4 - r_2^4}{2r_1^2 r_2^2} \tag{4.14}$$

これらの式をよく見ると，分岐後の血管の径が等しい場合（$r_1 = r_2$）は分岐角度も同じ（$\alpha = \beta$）になることがわかる．また極端な例として分岐後の r_1 が分岐前の径とほぼ同じ場合（$r_0 \fallingdotseq r_1$）は $r_2 \fallingdotseq 0$ となるので $\alpha \fallingdotseq 0$，$\beta \fallingdotseq 90°$ になることが予想できる．つまり，分岐後の血管径が大きいほど分岐角度は小さくなる．Murray の論文には分岐角度について検証の記載がないが，Zamir らは血管の計測実験により式（4.12）の妥当性があることを報告している[4]．

さらに Murray は，式（4.12），（4.13），（4.14）の関係式が樹木の枝分かれにも成立すると主張している[5]．その理由は，式（4.9），（4.10），（4.11）が樹木の材料を最小とする条件と等価であるからである．

4.3　血管の適応フィードバック

血管の 3 乗則がつねに成立しているとすると，血管自身が管内の血流の状態を把握して管径を調整していることになる．なぜなら生物は成長するにつれて血管も太くなり，血流量も増加するからである．それでは血管はこの血流状態をどのように把握しているのであろうか．

神谷らは，血流が血管内壁に作用するずり応力に注目し，血管はこの応力を感知していると考えた[6]．ずり応力 τ は，**図 4.4** のように壁面付近での流体の速度勾配と粘性係数 μ で次式のように表せる．

4.3 血管の適応フィードバック   59

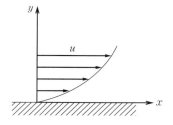
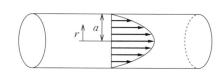

図 4.4　2次元壁面付近の流速分布   図 4.5　血管モデルの座標設定
（血管中心が原点）

$$\tau = \mu \cdot \frac{du}{dr} \tag{4.15}$$

ずり応力τは血管内表面で生じるので，血管内皮細胞がこの力を受けている．細胞レベルでみると，ずり応力τは血流速度に関係するが血管の太さには直接的には関係していないことに注意しておこう．それではこれから，ずり応力τが血管太さの3乗則を維持するのに重要な役割を果たしていることを示そう．

血管内の流速がポアズイユ流れであると仮定して，ずり応力τの具体的な式を求めることにする．そのために図4.4では，2次元的な流れを示しているので，血管内の流れを考えるために**図4.5**のように座標設定を行う．

ポアズイユ流れを仮定すると円管内の流れは，式(4.16)のように表せる．

$$u = \left(-\frac{dp}{dx}\right)\frac{1}{4\mu}a^2\left\{1-\left(\frac{r}{a}\right)^2\right\} \tag{4.16}$$

上式を積分すると，流量 f の関係式が導ける．

$$f = \left(-\frac{dp}{dx}\right)\frac{\pi a^4}{8\mu} \tag{4.17}$$

したがって，圧力勾配を消去した式では，式(4.18)のようになる．

$$u = \frac{2f}{\pi a^2}\left\{1-\left(\frac{r}{a}\right)^2\right\} \tag{4.18}$$

そこで，図4.5の座標系の取り方に注意して式(4.15)のずり応力を求めると，式(4.19)のようになる．

60   4. 血 管 の 分 岐

$$\tau = -\mu \left.\frac{du}{dr}\right|_{r=a} = \mu \frac{4f}{\pi a^3} \tag{4.19}$$

この関係式から血流量 f が何らかの原因で増加した状況を考えると，血管内皮細胞に生ずるずり応力 τ も f に対して比例的に増加することになる。このとき，τ を一定にするには血管半径 a を増大させればよい。逆に血流量 f が減少した場合は，τ も減少する。このとき τ を一定に保とうとするならば，血管半径を減少させればよい。ここで血管半径 a は 3 乗になっているので，ほんの少しの血管半径の変化で τ は大きく変化する。つまり，ずり応力 τ が血管壁で検出できるなら血管半径の微少変化で血流量を調整できることになる。この検出機構については，血管細胞がずり応力を直接感知しているわけではないが，ずり応力によって生じる細胞内のカルシウムイオン濃度変化から把握していることが報告されている[7]。

このような血流量の変化に対して血管半径を変化させることも血管組織の適応的な変形機能である。じつは，τ を一定値に調整する機能が血管組織にあるならば式 (4.19) は

$$\frac{f}{a^3} = const. \tag{4.20}$$

となり Murray が導出した式 (4.5) と実質的に同じである。

式 (4.20) を実現するには，血管壁面が一定のずり応力を検出し，その応力に応じて管壁の直径を変化させる機能が必要である。血管の直径変化は壁面細胞の増減で対応していると考えられる。つまり，一定のずり応力値を壁面細胞で検知する機能が血管分岐の 3 乗則を生み出していることになる。

同様なことは第 1 章で紹介した樹木の枝の 2.5 乗則でもいえる。この場合は枝の根元の細胞が応力を検出して枝の直径を増加させていると考えられる。ただし，樹木の細胞がどのように応力を検知しているのか，その具体的なメカニズムは明らかになっていない。

参考 4.1 : $P_m = \Delta p f$ と表せる理由

図4.6のように断面積 A の管内を流体が流れている状態を考えよう。ここでは，直感的にわかりやすいように管内の流速は一様な流速として描いている。入口側の圧力を p_1，出口側を p_2 とする。ここで，断面積 A の管内の流体が Δt の時間に Δx だけ押し出されている状況を考える。

図 4.6　断面積 A の管内の流れ

Δt の時間に入口側で液体が行う仕事は $p_1 A \Delta x$ である。

一方，出口側の面では，圧力 p_2 がつねに加わっている状態なので，流体が外部に対して行う仕事は $p_2 A \Delta x$ となる。

したがって，管内で流体の運動に必要なエネルギーは

$$p_1 A \Delta x - p_2 A \Delta x = (p_1 - p_2) A \Delta x = \Delta p A \Delta x$$

となる。これを単位時間当りのエネルギーに換算すると

$$\Delta p A \frac{\Delta x}{\Delta t} = \Delta p f$$

となる。これが，単位時間当りに消費される機械的エネルギー P_m である。

参考 4.2 : ハーゲン・ポアズイユ流れの導出

ハーゲン・ポアズイユ流れは，ナビエ・ストークス方程式から解析解が得られる数少ない流れの挙動である。生体関係では，血管内の血液の流れを議論する上で重要である。

図4.7に示す円管内流れの円筒座標系の z 成分のナビエ・ストークス方程式は

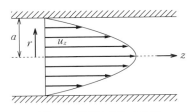

図4.7　円管内流れの設定

62　　4. 血 管 の 分 岐

$$\rho\left(\frac{\partial u_z}{\partial t} + u_r\frac{\partial u_z}{\partial r} + \frac{u_\theta}{r}\frac{\partial u_z}{\partial \theta} + u_z\frac{\partial u_z}{\partial z}\right)$$

$$= \rho g_z - \frac{\partial p}{\partial z} + \mu\left[\frac{1}{r}\frac{\partial}{\partial r}\left(r\frac{\partial u_z}{\partial r}\right) + \frac{1}{r^2}\frac{\partial^2 u_z}{\partial \theta^2} + \frac{\partial^2 u_z}{\partial z^2}\right]$$

である。左辺は各方向の流体加速度による効果（慣性力），右辺第1項は重力，第2項は圧力勾配による力，第3項は粘性力である。また連続の式は次式となる。

$$\frac{\partial \rho}{\partial t} + \frac{1}{r}\frac{\partial}{\partial t}(r\rho u_r) + \frac{1}{r}\frac{\partial}{\partial \theta}(\rho u_\theta) + \frac{\partial}{\partial z}(\rho u_z) = 0$$

一様な円管（半径 a）内の非圧縮性流体の定常流では，$\rho =$ 一定，z 軸方向以外の流れ方向はすべてゼロ（$u_r = 0$，$u_\theta = 0$），時間微分の項もゼロとなる。また連続の式から u_z の値は z 軸方向に対して一定であることがわかる。この条件下ではナビエ・ストークス方程式は，つぎのような比較的簡単な微分方程式になる。

$$\frac{1}{r}\frac{d}{dr}\left(r\frac{du_z}{dr}\right) = \frac{1}{\mu}\frac{dp}{dz}$$

この微分方程式は解析的に解くことができ

$$u_z = \frac{1}{4\mu}\left(\frac{dp}{dx}\right)r^2 + C_1\log r = C_2$$

となる。ここで，C_1, C_2：積分定数である。流体の境界条件として管の中心 $r=0$ で第2項が発散しない必要があるので，$C_1 = 0$ である。また管壁 $r=a$ で，速度 $u_z = 0$ となる条件を使うと

$$u_z = -\frac{1}{4\mu}\left(\frac{dp}{dx}\right)a^2\left\{1 - \left(\frac{r}{a}\right)^2\right\}$$

となる。流速は，軸方向に平行に中心部が最大で管壁面でゼロとなる放物線上の分布になる。また単位時間当りの流量 f は

$$f = \int_0^a 2\pi r u_z dr = \left(-\frac{dp}{dx}\right)\frac{\pi a^4}{8\mu}$$

と計算することができる。

植物の七不思議　　　　　　　　　　　　　　その3：樹皮の修復

図（a）は銀杏の幹の写真である。この写真のどこがおもしろいのかと思うかもしれないが，よく見ると枝の切り口らしき楕円形の痕跡が見える。じつは数年前は図（b）のような状態だったのである。同一の樹木を追跡調査したわけではないが，ほかの樹木で見られた図（c），（d）から切り口の修復過程が想像できると思う。つまり，樹皮パターンは周辺から修復されていることがわかる。この修復機能は，銀杏だけでなくほかの樹木にもあり，樹皮パターンは植物の種類に応じて修復される。大局的な情報を使用せずに欠損部分を修復するには，どのような仕組みが必要かという設定は工学的にもおもしろい問題である。

（a）　銀杏の幹

（b）　剪定直後の状態
　　　（枝の切り口）

（c）　枝の切り口の
　　　修復過程1

（d）　枝の切り口の
　　　修復過程2

図　樹皮の修復

64   4. 血 管 の 分 岐

演 習 問 題

【4.1】 式 (4.9) ～ (4.11) から式 (4.12) ～ (4.14) が導けることを確認しよう。

【4.2】 Murray の血管の分岐法則に基づいて，枝分かれ後の直径が等しい場合の分岐角度を求めてみよう。また，$r_0 = 0.5$，$r_1 = 0.35$ ならば分岐角度 α は何度になるか。

【4.3】 式 (4.19) の導出を確認しよう。

引用・参考文献

1) C. D. Murray: The Physiological Principle of Minimum Work. I. The Vascular System and the Cost of Blood Volume, Vol.**12**, No.3, pp.207–214 (1926)

2) T. F. Sherman: On Connecting Large Vessels to Small, The Meaning of Murray's Law, J.Gen.Physiol., Vol.**78**, pp.431–453 (1981)

3) C. D. Murray: The Physiological Principle of minimum work applied to the angle of branching of arteries, J.Gen.Physiol., Vol.**9**, pp.835–841 (1926)

4) M. Zamir, J. A. Medeiros and T. K. Cunningham: Arterial Bifurcations in the Human Retina, J.Gen.Physiol., pp.537–548 (1979)

5) C. D. Murray: A Relationship Between Circumference and Weight in Trees and its Bearing on Branching Angles, J.Gen.Physiol., Vol.**10**, pp.725–729 (1927)

6) A. Kamiya, T. Togawa: Adaptive Regulation of Wall Shear Stress to Flow Change in the Canine Carotid Artery, Am.J.Physiol., Vol.**239**(1), pp.H14–21 (1980)

7) K. Yamamoto, R. Korenaga, A. Kamiya and J. Ando: Fluid Shear Stress Activates Ca2+ Influx into Human Endothelial Cells via P2X4 Purinoceptors, Circulation Research, pp.385–391 (2000)

5. 長骨の厚さに関する最適性

　骨は脊椎動物の骨格を形成し，身体運動を実現する重要な生体組織である。骨の形はちょっと不気味であるが，理にかなった構造をしていることが古くから指摘されている[1),2)]。動物の骨の標本に一種の美しさを感じるのは，無意識のうちに構造力学的な合理性を感じとっているためかもしれない。本章では，骨の力学的合理性を示す一端を紹介しよう。

5.1　長骨の幾何学的関係

　手や足の長骨[†1]の断面は，厚みのある円筒状の形状をしている。長骨の厚さと外径の間には，かなり明確な関係があることが知られている。**図5.1**は，いろいろな脊椎動物の長骨の厚さ t と外側の半径 R を測定し，その比 R/t をヒストグラムで表示したグラフである[3),4)]。

　図 (d) のヒストグラムは陸上動物を対象としており，その上の図 (c) は骨に髄液が詰まっている鳥類の骨である。このグラフから陸上に棲む動物では $R/t = 2.0$ 付近が最も多いことがわかる[†2]。一方，骨に髄液のある鳥の骨では分布に広がりがあるが，陸上生物よりも R/t が大きく，3.5 辺りが分布の中心のようである。また，図 (b) の骨に髄液がない，つまり中空になっている鳥の骨では R/t が 3.5 よりも大きく，逆に図 (a) の飛ばない鳥では 3.5 よりも

---

†1　骨組織は，硬い緻密骨とスポンジ状の海綿骨に分けられるが，この章で議論するのは緻密骨である。

†2　原著論文（文献 4）にもグラフの縦軸に目盛がないが，最も長い棒グラフ（$1.95 < R/t < 2.05$）で 30 ～ 40 個である（骨の総数 238 個より推定）。

66   5. 長骨の厚さに関する最適性

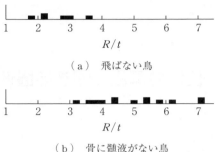

(a) 飛ばない鳥

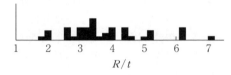

(b) 骨に髄液がない鳥

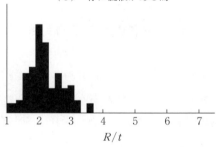

(c) 骨に髄液がある鳥

(d) 地上に生息する哺乳動物

図5.1 長骨の厚さ t に対する半径 R の比
（文献3, 4を参考に作成）

小さいことが読み取れる。この分布の仕方は何か意味がありそうである。その理由を機械工学的に探ってみよう。

　まず，骨はどのような機能をもっているのか簡単に整理してみる。骨には身体を支える機能（支持機能）と血液を造る機能（造血機能）がある。支持機能については，骨体の強度が同じなら材料（骨）が少ないほうが軽量化の点で都合がよい。材料力学の知識からパイプ状の中空構造は，種々の方向からの荷重を支えるのに適していると考えられる。一方，造血機能のためには骨内部に髄

液が必要である。髄液は支持構造の役割は，ほとんどない[†]。

つぎに**図5.2**に示すように長骨の両端にモーメント荷重 T が加わったときの骨の厚さの効果について考えてみよう。骨の長さが同じで荷重に耐える強度が同じ場合，厚さが極端に薄い骨は髄液による重量増加のため，構造物としては不利である。逆に中まで詰まった骨ではモーメント荷重を支持する点では中心部が無駄になる。したがって，力学的に最適な長骨の形状（R/t）が存在すると予想される。

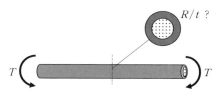

図5.2 長骨の厚さを評価するモデル

最適な長骨の形状を議論するには，骨がどのような力の状態に耐えるようにデザインされているかを考える必要がある。例えば骨に発生する応力が小さいとか，変形が少ないといった評価基準である。もし評価基準が複数考えられる場合は，それぞれの場合について調べることにする。得られた結果が事実とよく合えば，その力の状態が形状をうまく説明しているといえる。これは最適化問題を解くための関数形を決める作業に相当する。

本章では，3種類の評価基準，すなわち骨強度を基準（5.2節），骨のたわみ量を基準（5.3節）そして衝撃荷重を基準（5.4節）による最適形状（R/t）を求めていく。

[†] 正確には内部に液体が詰まっていると構造体としての強度が増加する場合がある。特に脊椎骨のように短い骨では，骨体強度が増すことが指摘されている[5]。この液体が封入されている構造は，水力学的骨格系と呼ばれ，ミミズやイソギンチャクのような袋状の生物では，身体の形状を維持するのに役立っている。

5.2 骨強度を基準にした最適値

　まず，長骨は曲げモーメントの荷重に耐えるようにデザインされているという基準で最適値を求めてみる。つまり曲げモーメントで発生する応力に耐えられる形がよいという基準である。そこでモーメント荷重によって生じる応力値が同じならば，骨は軽いほうがよいと考えることにする。応力値は，中実の丸棒を基準にすると比較しやすい。つまり図5.3のような中実の丸棒と髄液の入ったパイプ状の中空構造で発生する応力が同じという条件で両者の質量を比較するのである。中空構造の棒のほうが強度的に有利ならば質量比は1よりも小さくなる。つまり，質量比が最小となる条件を求めれば，骨断面の形状として最適な R/t が得られる[†]。

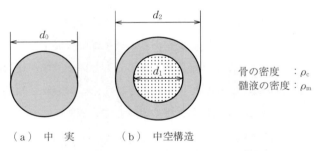

図5.3　骨の厚さの最適性を調べる数理モデル（断面形状）

　それでは最適な R/t を求めてみよう。まず，線形はり理論から曲げモーメント T によって発生する応力 σ はつぎの式 (5.1) で求まる。

$$\sigma = \frac{T}{Z} \tag{5.1}$$

ここで，Z：断面係数である。曲げモーメント T は外力として等しいので，棒に生じる応力は断面係数の逆数に比例することになる。つまり両者の応力が等

[†] この最適値の求め方は，文献4に述べられている。本書で説明する式と形状パラメータの設定が若干異なるが本質的には同じである。

しくなるのは，以下の条件のときである．

$$Z_0 = Z_m \tag{5.2}$$

ここで，中実と中空構造の棒の断面係数をそれぞれ Z_0, Z_m とした．この条件を具体的に求めてみよう．断面二次モーメントは以下のようになる．

中実の場合：$\quad I_0 = \dfrac{\pi}{64} d_0^{\ 4}$ \hfill (5.3)

中空の場合：$\quad I_m = \dfrac{\pi}{64} (d_2^{\ 4} - d_1^{\ 4})$ \hfill (5.4)

したがって，断面係数は以下のようになる．

中実の場合：$\quad Z_0 = \dfrac{I_0}{d_0/2} = \dfrac{\pi}{32} d_0^{\ 3}$ \hfill (5.5)

中空の場合：$\quad Z_m = \dfrac{I_m}{d_2/2} = \dfrac{\pi}{32} d_2^{\ 3}\left\{1-\left(\dfrac{d_1}{d_2}\right)^4\right\}$ \hfill (5.6)

したがって，式 (5.2) より中実と中空の曲げ強度が同じとなる条件は，以下の式が成立することである．

$$d_0^{\ 3} = d_2^{\ 3}\left\{1-\left(\frac{d_1}{d_2}\right)^4\right\} \tag{5.7}$$

つぎに，中実に対する髄液入りの中空構造の質量比 M_m/M_0 を考えることにする．質量比は単位長さ当りで考えればよいので，式 (5.8) が得られる．

$$\frac{M_m}{M_0} = \frac{\dfrac{\pi}{4}(d_2^{\ 2}-d_1^{\ 2})\rho_c + \dfrac{\pi}{4}d_1^{\ 2}\rho_m}{\dfrac{\pi}{4}d_0^{\ 2}\rho_c} = \frac{\rho_c(d_2^{\ 2}-d_1^{\ 2})+\rho_m d_1^{\ 2}}{\rho_c d_0^{\ 2}} \tag{5.8}$$

ここで，ρ_c：緻密骨の骨密度，ρ_m：髄液の密度である．

式 (5.7) を利用して式 (5.8) の d_0 を消去すると

$$\frac{M_m}{M_0} = \frac{\rho_c(d_2^{\ 2}-d_1^{\ 2})+\rho_m d_1^{\ 2}}{\rho_c d_2^{\ 2}\left\{1-\left(\dfrac{d_1}{d_2}\right)^4\right\}^{\frac{2}{3}}} = \frac{\rho_c\left\{1-\left(\dfrac{d_1}{d_2}\right)^2\right\}+\rho_m\left(\dfrac{d_1}{d_2}\right)^2}{\rho_c\left\{1-\left(\dfrac{d_1}{d_2}\right)^4\right\}^{\frac{2}{3}}} \tag{5.9}$$

となる．ここで $\rho_c = 2$，$\rho_m = 1$ とし，中空構造体の外径と内径の比を $d_1/d_2 = x$

と置くと

$$\frac{M_\mathrm{m}}{M_0} = \frac{2-x^2}{2(1-x^4)^{\frac{2}{3}}} \tag{5.10}$$

となる。この関数は，x が 0 から 1 までの間で変化し

$x=0$ （中実）で $\frac{M_\mathrm{m}}{M_0}=1$

$x \to 1$ （きわめて薄い中空）で $\frac{M_\mathrm{m}}{M_0} \to \infty$

となるので，中間で最小となる点があると予想される（**図 5.4**）。

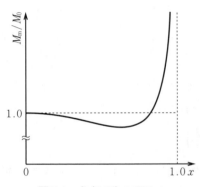

図 5.4 式 (5.10) のグラフ

そこで，この関数を x で微分して微分値が 0 となる x を求めると

$$x = \sqrt{4-\sqrt{13}} = 0.628 \tag{5.11}$$

となる。これより，厚さ t に対する半径 R の比 R/t は，式 (5.12) のようになる。

$$\frac{R}{t} = \frac{d_2}{2t} = \frac{d_2}{(d_2-d_1)} \approx 2.7 \tag{5.12}$$

このときの質量比 M_m/M_0 を計算してみると 0.899 となり，中実構造に比べて同じ強度で 10 ％程度に質量が軽減することがわかる。ここで改めて図 5.1 のヒストグラムを眺めてみると，この値は陸上動物と鳥類の中間辺りに位置していることがわかる。

5.3 たわみ量を基準にした最適値

骨強度の代りに骨の変形，つまり，たわみ量で評価する方法も考えられる。
はりのたわみ v は材料力学の知識から以下のような式が成立する。

$$v \propto \frac{1}{I} \tag{5.13}$$

ここで，I：はりの断面二次モーメントである。つまり，はりのたわみ量は断面二次モーメントの逆数に比例する。

この理由を具体的な式から考えてみよう。例えば，長さ l の片持ばりの先端に荷重 Mg が加わった場合のはり先端の変位量は，式 (5.14) のようになる。

$$v = \frac{Mgl^3}{3EI} \tag{5.14}$$

ここで，ヤング率 E：骨の材料特性なので，長さの等しい骨に同じ外力が作用したときの幾何学的形状を考えるときには，断面二次モーメント I のみに注目すればよいことがわかる。

中実棒と髄液入りの中空構造の棒の変位が等しくなる条件は，式 (5.15) のようになる。

$$I_0 = I_m \tag{5.15}$$

これを具体的に書くと式 (5.16) のようになる。

$$d_0{}^4 = d_2{}^4 \left\{ 1 - \left(\frac{d_1}{d_2} \right)^4 \right\} \tag{5.16}$$

したがって，式 (5.8) の質量比は，式 (5.17) のように変形できる。

$$\frac{M_m}{M_0} = \frac{\rho_c(d_2{}^2 - d_1{}^2) + \rho_m d_1{}^2}{\rho_c \sqrt{d_2{}^4 - d_1{}^4}} = \frac{1 + \left(\dfrac{\rho_m}{\rho_c} - 1 \right) \left(\dfrac{d_1}{d_2} \right)^2}{\sqrt{1 - \left(\dfrac{d_1}{d_2} \right)^4}} \tag{5.17}$$

ここで $\rho_1 = 2$，$\rho_m = 1$ とし，中空構造体の外径と内径の比を $d_1/d_2 = x$ と置くと

$$\frac{M_\mathrm{m}}{M_0} = \frac{1 - 0.5x^2}{\sqrt{1-x^4}} \tag{5.18}$$

となる．これは前節で求めた骨強度を基準にした関数とは異なる．最小値となる x を求めて R/t を計算すると

$$\frac{R}{t} \approx 3.4 \tag{5.19}$$

となる．この値は，図5.1（c）に示した骨に髄液のある鳥の骨の中央値に近い値である．

5.4 衝撃荷重を基準にした最適値

陸上に生息する動物は，走行や跳躍といった機敏な動作を行うため，骨には衝撃的な荷重が加わる．これによって生じる応力値は，静的な荷重状態とは異なるので，骨の最適な厚さが5.2節で導いた骨強度を基準にしたものとは異なる可能性がある．そこでまず，衝撃荷重で発生する応力を見積もって最適な R/t を求めてみる．

衝撃荷重によって生じる応力を評価するために図5.5のような両端を支持したはりに高さ h から質量 m の物体が落下する状況を考えよう[6]．

落下する物体によってはりが最大の曲げになったときが衝撃荷重の最大応力となる．このとき，位置エネルギーがはりの弾性エネルギーにすべて変換され

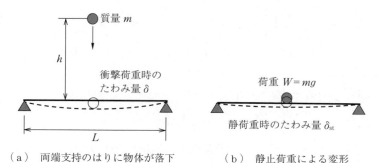

図5.5 衝撃荷重の効果を考える力学モデル

ることから次式が成立する。

$$mg(h+\delta) \approx mgh = \frac{1}{2}k\delta^2 \tag{5.20}$$

ここで，k：はりのばね定数，δ：はりのたわみ量である。たわみ量がδのときに生じる応力は，静的な荷重で発生する応力値を基準にして換算することができる。

はりの中央に荷重が静的に加わる場合は

$$W = mg = k\delta_{st} \tag{5.21}$$

となる。ここで，δ_{st}：静荷重のたわみ量であり，はり理論から式 (5.22) のように具体的に記述できる。

$$\delta_{st} = \frac{mgL^3}{48EI} \tag{5.22}$$

すると，静的荷重のたわみ量に対する衝撃荷重のたわみ量の比から衝撃荷重の応力 σ が式 (5.23) のように求まる。

$$\sigma = \frac{\delta}{\delta_{st}}\sigma_{st} \tag{5.23}$$

ここで，σ_{st}：静荷重で発生する最大応力値であり，はり理論より式 (5.24) のようになる。

$$\sigma_{st} = \frac{M}{Z} = \frac{mgL}{4}\frac{d}{2I} \tag{5.24}$$

したがって，衝撃荷重の応力として幾何学的に重要なパラメータが式 (5.25) のように取り出せる。

$$\sigma = \sqrt{\frac{3mghEd^2}{2LI}} \propto \frac{d}{\sqrt{I}} \tag{5.25}$$

つまり，つぎの式 (5.26) の関係が成立することが中実の丸棒と中空構造の棒に生じる応力が等しくなる条件となる。

$$\frac{d_0}{\sqrt{I_0}} = \frac{d_2}{\sqrt{I_m}} \tag{5.26}$$

ただし，I_0，I_m は式 (5.3)，(5.4) である。この条件から同様に式 (5.17) の

質量比を x の関数として求めて質量比が最小値となる R/t を計算すると

$$\frac{R}{t} \fallingdotseq 2.08 \tag{5.27}$$

となる。この値は図 5.1（d）に示した地上に生息する哺乳動物の骨の最頻値に近い。

以上に示したように最適化する評価関数で最適値が異なってくることがわかる。このような最適性はどのように生まれてくるのだろうか。図 5.1 では，ランダムに選んだ骨で測定しているので，骨の大小，年齢にかかわらず最適な比

植物の七不思議 ── **その 4：根の力学的適応**

　植物の枝だけでなく根も環境適応することが知られている。Mattheck は植物の根を観察して地中の状態によって根の張り方が異なることを指摘している。例えば，地中にパイプが埋まっていると，幹が倒れないようパイプに根が巻き付く。まるで意志を持って行動しているかのようである。下の図は，筆者の身近で見つけた斜面に生えた樹木である。幹が倒れないように根で踏ん張るようにして支えているように見える。時間を早回しできれば動物のように根が動いている様子が観察できるかもしれない。

図　斜面に生えた樹木

〔参考文献：C. Mattheck: Design in Nature -Learning from Trees-, Springer（1997）〕

R/t が存在すると解釈できる。つまり，身体の成長とともに骨が成長しても最適な R/t は保たれていることになる。これはあらかじめ形状が決定されているという仕組みでは説明できない。それでは骨には一体，どのような仕組みがあるのだろうか。この骨の機能をつぎの第6章で紹介することになる。

演 習 問 題

【5.1】 5.4節のたわみ量を基準にして最適値を求める式から R/t の値を確認するとともに質量比 M_m/M_0 を求めなさい。また，鳥の飛翔時に骨に加わる力の状態と R/t の関係について考えてみよう。

【5.2】 5.5節の衝撃荷重を基準にした最適値を求める式を求め，R/t の値を確認するとともに M_m/M_0 を求めなさい。また，動物の走行，跳躍時に骨に加わる力の状態と R/t の関係について考えてみよう。

【5.3】 骨密度と髄液の密度は本書では簡単のため，それぞれ2と1に設定したがもう少し正確に設定すると，2.1と0.95である。これによってどの程度最適値が異なるか計算してみよう。

【5.4】 実際の骨の断面は，円形にはなっていない。また骨の厚みも一様ではない。文献2の論文では，R/t に関するヒストグラムを作成しているがどのように値を算出したかは記載されていない。断面形状が得られているとして，どのように R/t を算出するのだろうか。ここでは，**問図5.1**のような CT の断層画像が得られているとして，パソコンで画像処理を行う具体的な算出手順を考えてみよう。

問図5.1 骨のCT断層画像
（白い部分が骨部）

引用・参考文献

1) Y. C. Fung, N. Perrone, M. Anliker (ed): Biomechanics -Its Foundations and Objectives-, Princeton-Hall (1972) （第10章に骨のバイオメカニクスが解説されている）

2) Y. C. Fung: Biomechanics Motion, Flow, Stress, and Growth, Springer-Verlag (1990) （第13章に黎明期の骨の研究が紹介されている）

3) J. D. Currey: Bones -Structure and Mechanics-, Princeton University Press (2002) （205ページに記載）

4) J. D. Currey, R. McN. Alexander: The Thickness of the Walls of Tubular Bones, Journal of Zoology, Vol.**206**, pp.453-468 (1985) （骨の厚さに関する原著論文である）

5) H. M. Frost: The Law of Bone Structure, Charles C Thomas Publisher (1964)

6) F. L. Singer: Strength of materials (2nd edition), pp.471-474, Harper & Row Publishers (1962) （材料力学の基本的な事項なのでほかの参考書にも書かれている。この本は初心者にもわかりやすく書かれているので挙げた）

6. 生体組織のリモデリングと数理モデル

これまでの章で生体組織には力学環境に対して適応的に変形する特徴があることをいくつかの例を挙げて紹介してきた。この力学環境に適応する能力は，**機能的適応**（functional adaptation）あるいは**リモデリング**（remodeling）と呼ばれている。本章では，生体組織には基本的にリモデリングの機能が備わっていることを紹介する。まず，生体組織の中で代表的な骨のリモデリングについて述べる。つぎに，ほかの生体組織の特徴についても概観する。リモデリングは，組織自体に適応能力が有するという点で機械工学的に見ても魅力的である。これに関連した話題として，リモデリングに着想を得たセルオートマトンモデルも紹介しよう。

6.1 生体組織のリモデリング

骨に代表される生体の支持組織は，外力に対して適応的に組織の力学特性を変化する働きがある。この機能があるために適度の運動を行えば組織が強化し，逆に何も運動しないでいると弱化する。骨の場合，外形状だけでなく内部の骨密度も変化する。宇宙飛行士が長期間，無重力場で生活すると，骨のカルシウム分が減少するのもこの機能が現れたためである。この骨密度変化は，後述するように骨に加わる力に対して骨組織が反応するために起こる。

生体組織は，脳からの指令を直接受けているわけではないので，この変化は組織自身で行っていることになる。つまり，力が生じている箇所ではその部分の組織が強化され，力が生じていない箇所では弱化する。このような部分的な調整作業によって，生体組織全体が力学環境に適応している。リモデリングは

生体の各部で行われているので，以下に紹介する。

6.1.1 骨のリモデリング

骨は身体を支持する上で重要な生体組織であるため，古くから多くの研究が行われている。骨が構造力学的に合理的な形をしていることを最初に指摘したのは，Julius Wolf である[1),2)]。彼は，コンピュータのない時代に構造物に働く力学状態を議論し，骨が構造力学的に合理的につくられていることを主張した。論文は 1870 年に発刊されている。続いて Wilhelm Roux は，Wolf の考えを発展させて骨が合理的な形状をしているのは骨に備わるリモデリング（機能的適応）のためであると報告している[†]。このリモデリングの働きによって骨は最小の材料で最大の強度を発揮する構造物であるという考え（最小材料最大強度説）を唱えた。二人の研究は，その後のバイオメカニクスの研究に大きな影響を与えており，現在でもしばしば引用されている。

リモデリングに関する興味深い研究[3)]を以下に紹介しよう。図 6.1 は，ブタの前足の一つ（尺骨）を切除して橈骨 1 本で生活させたときの骨の形状変化（一点鎖線上）を示している。図（a）では実験前の状態を示しており，図（b）

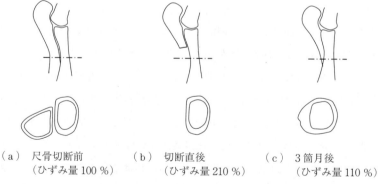

（a）尺骨切断前　　（b）切断直後　　（c）3 箇月後
　　（ひずみ量 100 %）　　（ひずみ量 210 %）　　（ひずみ量 110 %）

図 6.1　リモデリングによる骨形状の変化（文献 3, 4 を参考にして作成）

---

† 機能的適応という言葉は，最近ではリモデリングといわれることが多いので，本書では後者を用いることにする。

が切除直後である。そして3箇月後の状態が図(c)である。骨の断面形状が大きく変化していることが示されている。しかも変形後の形状は最初の二つの骨で構成される断面形状を補うように変形していることがわかる。図中のパーセンテージはひずみゲージを骨表面に貼り付けてひずみ量を測定したときの値である。手術前を100％とすると手術直後は200％に上昇するが3箇月後には110％まで減少している。わずか3箇月の間にこれだけの変化を起こすのは驚くべきことである。しかもこのリモデリングは骨組織だけで行っているのである。骨組織自身にこのような自律的な機能がどのように備わっているのだろうか。

　リモデリングの仕組みを説明するために，まず骨の基本的な構造について説明する。骨の構造は**図6.2**に示すように鉄筋コンクリートに対比するとわかりやすい。コンクリートに相当するのは骨のリン酸カルシウムであり，鉄筋に相当するのはコラーゲン（タンパク質）である。コンクリートは**表6.1**に示すように圧縮に強いが引張りには弱い。リン酸カルシウムも同様の性質がある。一方の鉄筋は，引張りに強いため補強材の役目をする。対応するコラーゲンもリン酸カルシウムのもろさを補っている。ただし，人工物と異なる点がある。それがリモデリングである。

図6.2　骨組織と鉄筋コンクリートの関係

　リモデリングは，骨芽細胞と破骨細胞と呼ばれる二つの骨細胞によって行われている。骨芽細胞は骨を補強し，破骨細胞は骨を溶かす働きがある。骨組織に力が発生すると骨芽細胞の活動が優勢になり，その部分の骨を強化する。逆に力が働かないと弱化する。**図6.3**はこのことをフィードバック機構としてまとめたものである[9]。

6. 生体組織のリモデリングと数理モデル

表 6.1 生体組織と人工物の強度（文献 4 ～ 8 を参考にして作成）

材 料	比 重	強度〔MPa〕	比強度〔Nm/kg〕
木材（スギ）	0.38	90（引張）	240
		35（圧縮）	92
骨 （ウシの緻密骨）	2.1	150（引張）	71
		270（圧縮）	129
コンクリート	2.4	3.0（引張）	1.3
		40（圧縮）	17
鉄（鋼 SS400）	7.9	450（引張）	57

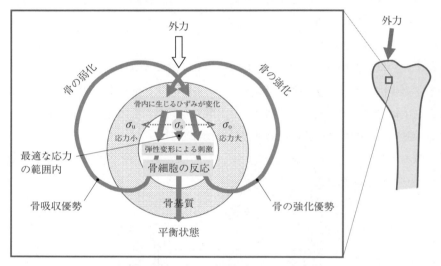

図 6.3 骨のフィードバック機構（文献 9 を参考に作成）

　この図を簡単に説明しておこう．まず，骨の一部分に注目すると，ほかの部分で受けた荷重も骨構造を通して伝わってくる．その力学状態をひずみと応力の変化で捉えることにする．注目する骨で発生する応力の値が基準値 σ_s よりも大きい場合は，骨芽細胞の活動が高まり局所的な骨の補強が行われる．これによって右側のループの流れになり，骨の補強によってひずみが減少（応力も減少）する．生じるひずみが小さい場合は破骨細胞の活動が高まり左側のループの流れになり，骨の弱化によってひずみが増大（応力も増大）する．この部

分的改変が継続的に行われることによって安定な状態が保たれる。つまり，骨の各部でリモデリングが働くことによって自律的にバランスのとれた状態となり，その状態のときに最も良い形になると説明されている。ただし，骨の刺激となるひずみ量が定格以上になると骨細胞が病的となって健全なリモデリングが働かなくなる。

6.1.2 血管，筋肉，神経，樹木のリモデリング

以下に血管，筋肉，神経，樹木のリモデリングについて簡単にまとめておく。

〔1〕 **血管のリモデリング**

血管には第3章で紹介したように血管分岐に関する3乗則がある。この法則は血管の太さに関係なく成立するので，力学的な環境変化に適応しているといえる。つまり，血液流量を力学的環境として捉えると，3乗則が成立するように血管の管径変化が生じることがわかる（4.3節）。管径変化は，血管壁面に働くずり応力で説明可能なので，壁面細胞が感知するたった一つの指標で3乗則が維持されているともいえる。

〔2〕 **筋肉のリモデリング**

筋肉も鍛えると筋組織が増加する。これに関して動物の血液量を意図的に多くすることで心臓の仕事量を増加させると心筋の量が増し，逆に心臓に供給する血液を減少して心臓の仕事量を減少させると心筋の量が減るという報告がある[2]。日常生活でも身体運動することで筋が発達することは，多くの人が体験していることである。特に脚のパワーを必要とするスポーツ選手では太ももが発達している。逆に運動を長期間行わないと，筋組織が弱化する。このように筋肉の力学環境は筋肉に加わる負荷であり，この値の大小によってリモデリングが現れる。この負荷を検出する機構は筋組織に存在すると予想されるが，その機構は十分には解明されていない。

〔3〕 **神経のリモデリング**

力の作用とは直接関係のない神経組織もリモデリングが行われることが確認されている。心臓移植を行うと，心臓の鼓動は移植された心臓のリズムで動

82 6. 生体組織のリモデリングと数理モデル

く。心臓への神経が届かないからである。しかし，しばらくすると，再神経支配という現象によって神経が移植した心臓にも伸びていき，交感神経からの調整ができるようになる[10]。これは運動時の心拍数の調整機能を向上させる。

〔4〕 **樹木のリモデリング**

植物もリモデリングの機能があることは，第1章で紹介した。植物は動物と異なり，荷重が小さくなっても木材の組織が減少することはない。樹木のリモデリングについては 植物の七不思議 その1でも紹介した。また，章末の演習問題も挑戦してほしい。樹木で特徴的なことは，材料強度である。木材は，セルロースを主成分としているため，引張強度が圧縮強度の3倍近くある（表6.1参照）。また，鉄と比べると強度は劣るものの，比重が鉄よりずっと小さいので比強度（単位質量に対する強度）で比べると木材のほうが上回っていることがわかる。

6.1.3 リモデリングのまとめ

上述した生体組織のリモデリングを組織別にまとめたものを**表6.2**に示す[7]。この表で，例えば骨組織については以下のようになる。骨組織は，外力（荷重）を支持するのが機能目的であり，これに見合う断面積を持っている。骨に

表6.2 生体組織のリモデリング（文献11を参考にして作成）

	血 管	骨	筋	神 経	樹 木
機能目的	血流の供給	荷重の支持	張力の発生	信号の伝達	荷重の支持
構造の特徴	血流に見合う管径	荷重に見合う断面積	張力に見合う断面積	信号伝達に見合う組織構造	荷重に見合う断面積
適応性	血流変化に対する管径変化	荷重増減に対する断面変化	張力増減に対する組織変化？	発火頻度増加に対する組織変化	荷重増減に対する断面変化
検出量	ずり応力	ひずみ？（応力？）	張力？	？	ひずみ？（応力？）
検出機構	Ca透過性変化？	疲労損傷？圧電性？	？	？	？
反応の可逆性	可逆的	可逆的	可逆的	可逆的	非可逆的

加わる外力が変化すると，リモデリング（適応性）が発現し，断面積の変化をもたらす。このリモデリングが発現するためには，骨組織に生じる力学状態を検出する必要がある。この検出量は，ひずみもしくは応力と考えられている†。検出機構も骨の圧電性といわれた時期もあるが，近年では疑問が持たれており，局所的な疲労損傷によって骨芽細胞が活発化するという説が出ている[12]。ただし，これも定説には至っていない。

　また，表6.2の可逆性とは構造変化が双方向で起こるか否かを示している。動物の生体組織（血管，骨，筋肉，神経）では弱化と強化の両方が起こるので，リモデリングは可逆的である。これに対して樹木では強化はされるが弱化の機能はないので，葉が落ちても幹や枝が細くなることはない。つまり，不可逆的である。

6.2　生体組織のリモデリングに着目した数理モデル

　本節では，生体組織のリモデリングに着目した数理モデルについて紹介する。そして数理モデルの挙動をコンピュータシミュレーションで調べてみると興味深い事柄が引き出されることを紹介したい。

6.2.1　骨に学んだモデル

　リモデリングを工学的に解釈すると，生体組織の各部分で力学状態が把握され，その値に応じて力学特性が変化するシステムである。コンピュータシミュレーションを実施しやすいように離散的なモデルで表現すれば，**図 6.4** のようになる。つまり，多数の要素がたがいに結合した力学システムである。各要素は，要素自身に加わる力学状態に応じて要素自身の材料特性（ヤング率）を変化させる。この力学システムは，中枢からの指令を受けずに動作するので，無

---

　†　骨のヤング率が同じならばひずみと応力は等価の関係であるが，実際のヤング率は大幅に変化するので，リモデリングを制御する指標としての検出量の吟味は重要である。ひずみを基準とする見解（例えば，文献 13）は多いが，文献 14 のような報告もあり，筆者は応力を基準にしたモデルを提案している。

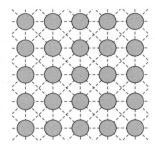

図 6.4　リモデリングのモデル

中枢システムあるいは自律分散システムという言い方もできる．また，局所的な規則（ローカルルール）に従って全体の挙動が決まるという点でセルオートマトンともいえる[†]。

6.2.2　シミュレーション手法[15),16)]

骨のリモデリングの挙動は，**図 6.5** に示す設定で調べることができる．リモデリングの挙動は，力学状態を計算で求める必要があるので，図 6.4 の ● で示した要素を正方形のセル（有限要素モデルの構成要素）としている．計算手

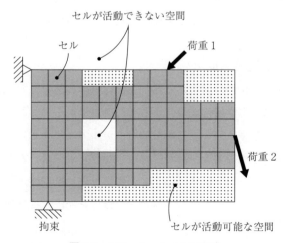

図 6.5　シミュレーションの設定

[†]　セルオートマトンについては 11.3 節でも紹介する．

順は以下のようになる。

1. 初期状態としてセルが活動可能な空間に適当にセルを配置する。
2. 配置したセルに力学条件を与える。
3. 各セルに発生する応力を計算する。
4. 応力の値に基づいて各セルの材料定数を変化させる。
5. 手順2に戻る。

以上の手順において，1の活動領域は長方形内の中央4箇所以外はセルの活動空間としている。配置されたセルには初期のヤング率が与えられる。2では，配置したセルを力学構造物として考え，荷重や拘束条件を設定する。3では，セルに働く力学状態（相当応力†）を有限要素法で計算する。また，4では各セルのヤング率を変化させている。これはリモデリングによる骨密度変化で剛性の分布も変化することを表現している。1回のヤング率の変化はわずかであり，再び2に戻って同じことを繰り返す。なお，この計算手順の枠組みは梅谷と平井が40年ほど前に提唱した「生長変形法」という構造材の設計手法と基本的に同じである[17]。興味のある方はご覧いただきたい。

ヤング率は，次式のようにセルごとに相当応力 σ と目標となる応力値 σ_c との差に応じて，変化させている。

$$E(t+1) = E(t)\left\{1 + \alpha\left(\frac{\sigma}{\sigma_c} - 1\right)\right\} \tag{6.1}$$

ここで，目標応力値 σ_c は，材料強度に対応する指標である。この値 σ_c は一定ではなく，ヤング率とともに変化する。これについては後述する。また，α はヤング率の変化を調整する比例定数で 0.1 程度の値である。ヤング率を少しずつ繰り返し変化させると，やがてすべてのセルに対して $\sigma/\sigma_c = 1$ に近い状態，つまり収束状態になることを期待している。この収束状態がリモデリングの安定状態といえる。

---

† ミーゼス応力とも呼ばれ，せん断ひずみエネルギーに基づく応力であり，スカラ量で表せるため直観的にわかりやすい。

6.2.3 ローカルルールによるシステムの挙動

まず，式 (6.1) の目標応力値 σ_c について考えてみよう。同じ材質でできた材料でも多孔質な物体は，変形しやすい。骨組織では，骨梁構造がやせ細るために壊れやすくなる。つまり，骨のリモデリングは，多孔質構造が変化することによってセル毎のヤング率と材料強度が同時に変化すると解釈できる。材料強度の値は，各セルで発生する応力値よりも低いことが条件となるので，目標応力値となる。ほとんどのセルで発生する応力値が目標応力値に近い状態が材料を有効利用しているので好ましい構造といえる。ただし，ヤング率と目標応力値の関係は，多孔質構造に依存するので簡単には求まらない。

そこで，図 6.6 に示すようにヤング率 E に対して目標応力 σ_c の関係を二つ設定した。一つは比例的に変化する場合であり，もう一つは非線形的に変化する。後者はヤング率がある値になると急激に増加する。この二つの関係がモデルの挙動にどう影響するか探ってみた。

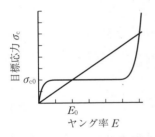

図 6.6 ヤング率と目標応力の関係

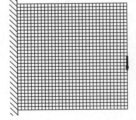

図 6.7 設定した力学条件

32×32 セルで構成
(1 辺の長さ 32 mm)
荷重：98 N
初期ヤング率 E_0：
1.0×10^5 MPa

図 6.7 に示すように正方形のはりの右端に荷重がかかった力学条件を設定してみた。シミュレーション結果を図 6.8 に示す。ヤング率と目標応力との関係が線形の場合，生成された構造形態はあいまいである（図 (a)）が，非線形にすることで明確な構造（図 (b)）が生成される。ヤング率が高い箇所は，非線形の急激に上昇する箇所に落ち着く。

ただし，設定する荷重が小さいと低いヤング率のセルが増えてきて，構造があいまいになることがある。そこで，ヤング率が一定以下のセルは，セル自体

6.2 生体組織のリモデリングに着目した数理モデル　　87

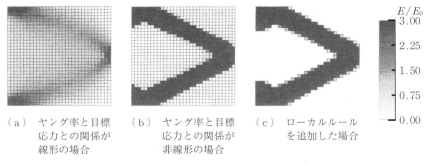

(a) ヤング率と目標応力との関係が線形の場合
(b) ヤング率と目標応力との関係が非線形の場合
(c) ローカルルールを追加した場合

図 6.8 片持ばりのシミュレーション[16]

が消滅するというルールを導入した。消滅したセルが後で必要になることも予想されるので，その場合は周囲のセルがある値以上の応力値になるとセルが誕生（復活）するルールも入れた。このローカルルール追加してシミュレーションを行ったところ，荷重を支持するのに必要なセルだけが残った（図(c)）。

6.2.4　位相構造の生成シミュレーション[18]

ヤング率が同じセルで構成される正方形の片持ばりの力学条件でシミュレーションを行うと，単純な構造しか出てこない。ところが最初のセルのヤング率分布を変えて行うと，種々の構造が現れることがわかった。**図 6.9** は，内部に

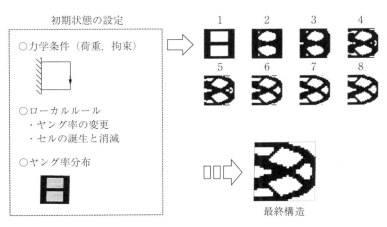

図 6.9　位相構造の生成

ヤング率の小さい領域を含む初期状態から構造が変化していく様子を示している。最終構造は100回程度の繰り返し計算で得られる。初期のヤング率分布を言わば"種"として，複雑な構造（位相構造）が生成される。つまり，初期値としてのヤング率分布を変えることによってさまざまな位相構造が生まれるのである。

　初期状態から最終的に一つの構造に落ち着くが，最終構造を予想することは難しい。これは，収束状態が複数個存在するいわゆる多峰性の性質をこのシステムが備えているからである。この性質は欠点ではなく，予想もしない形に遭遇する魅力があるといったほうがよいだろう。多峰性の空間を視覚化するのは難しいが，イメージ的には図6.10のようになる。初期状態から収束の穴に転がるようにして一つの解に到達する[†]。

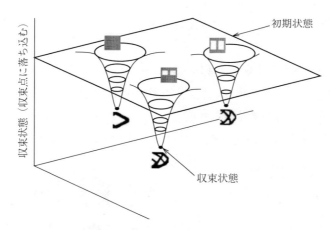

図6.10　多峰性の空間のイメージ

　セルオートマトンから得られる最終形態は，セルで発生する応力がほぼ等しくなっている。この点で，ある程度の力学的合理性がある。ただし，ローカルルールに従って得られた結果であるので最適であるという保証はない。どれが力学的に見て優れた形であるかは，評価の仕方によって異なるが，使用する材

---

　†　「峰」に登っていくイメージのほうがよければ上下を逆にして見ていただいてもよい。

料が同じならば，全体の剛性が高く，発生する応力値が小さいほうがよいと考えるのが一般的だろう．つまり，荷重をかけたときに荷重点の変位が少なく，セルで発生する応力が小さいほうがよいことになる．

図 6.11 は，図 6.7 の正方形を基準にして最終構造の最大応力値と最大変位量を比較したものである．同じ量の構造材に揃えるためにセル数に応じてセルの厚さを一律に調整している．図の横軸に最大応力値，縦軸に荷重先端での最大変位をとっているので，左下に近いほうが力学的に有利な形ということになる．

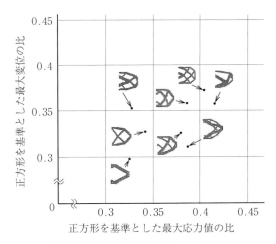

図 6.11　最終構造の性能比較（文献 18 の結果を再構成）

以上は工学的観点からの形の評価である．生物的な見方をすると別の解釈もできそうである．図 6.11 のシミュレーション結果は，同じ力学条件でもさまざまな形が存在し，それらは力学的に見てまずまずの出来である．極端に出来の悪い形は生き残れないが，それほど悪くないなら採用し続けるのではないだろうか．さらに，物体に働く外力は複合的でつねに変化している．あまりにも最適化した形は，別の力に対して弱い可能性がある．ほどほどのところを狙ったほうが生存競争に有利という見方もできる．

90　6. 生体組織のリモデリングと数理モデル

植物の七不思議　　　　　　　　　　　　　　　**その5：太陽光への適応**

　桑の木は都会でも見られる一般的な植物であるが，おもしろいことに気づいた。図1において楕円でマークした部分の二つの枝は葉の付き方が異なっているのである。斜めに出ていた枝では葉は図2(a)のように立体的に配置しているが，水平方向に伸びた枝では葉の配置は図2(b)のように平面的である。なぜ異なる配置になったのだろうか。太陽光への適用であることに異論はないと思うが，重力方向が影響していないことも確認しておく必要があるだろう（確認方法は読者にお任せする）。

　このような葉の配置は別の植物でも見つけることができる。同じ植物でも日向と日陰の場所で葉を観察するとその違いがよくわかると思う。

　　　　　　　　　　　　　　　　　　　　　　　　（a）　　　　　（b）

図1　桑の木の葉の付き方　　　　図2　桑の枝の葉の配置

演 習 問 題

【6.1】　問図6.1のような力学条件を設定した場合，6.2節で紹介した構造生成シミュレーションを行うとどのような構造になるか考えてみよう。（どのような構造なら

　　　（a）　力学条件1　　　（b）　力学条件2

問図6.1

演 習 問 題 91

ば合理的かを考えるのでもよい。）

【6.2】 問図 6.2（a）のようにコンクリートでできたはりが一様なモーメントを受けるとする。鉄筋を図（b）の①と②のどちらに入れるのが適切か考えてみよう。

（a） コンクリート製のはりに加わるモーメント荷重　　（b） はりの断面形状（●が鉄筋）

問図 6.2

【6.3】 植物の七不思議 その1で紹介したように，枝が太くなると楕円形状になる傾向がある。この力学的な効果を考えてみよう。ここでは問題を簡単にして枝の断面形状を長方形にしてみよう。問図 6.3 のように正方形の断面と等しい面積の長方形断面とを比較して，枝の根元で発生する最大応力値の比を求めなさい。つぎに，両者の最大応力値が同じとした場合に材料がどの程度節約できるか（材料の軽減率）を計算してみよう。

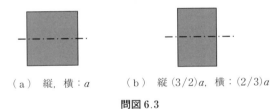

（a） 縦，横：a　　（b） 縦 $(3/2)a$，横：$(2/3)a$

問図 6.3

【6.4】 前問では，断面を長方形としたが，今度は断面を楕円形状（問図 6.4）で議論しよう。楕円は短軸を $2a$，長軸を $2b$ として $b=1.5a$ とする。以下の手順で材料の軽減率を求めなさい。

（1） 楕円の面積が πab となることを積分の計算で示してみよう。

（2） 楕円の断面二次モーメントが $\pi ab^3/4$ となることを定義式から計算してみよう。

（3） 楕円のはりに力のモーメント T が一様に加わったときに発生する最大応力値 σ_e を求めてみよう。

（4） （3）の荷重条件で円形断面のはりに発生する最大応力値 σ_c が σ_e と等しくなるときの面積と比較して，楕円形状の材料軽減率を計算してみよう。

問図 6.4

引用・参考文献

1) J. Wolf: Uber die innere Architektur der Knochen und ihre Bedeutung fur dieFrage vom Knochenwachstum, Arch. Pathol.Anal.Physiol. Klinische Medizin (Virchovs Arch.), Vol.**50**, pp389–453 (1870)

   原著はドイツ語だが，つぎの英訳版が入手可能。

   J. Wolff: On the Inner Architecture of Bones and its Importance for Bone Growth, Clinical Orthopaedics and Related Research, Vol.**468**, pp.1056–1065 (2010)

2) Y. C. Fung: Biomechanics –Motion, Flow, Stress, and Growth–, Springer Verlag (1979) （バイオメカニクスの専門書で全2冊。Wolf の時代の研究も紹介されている）

3) A. E. Goodship, L. E. Lanyon and H. McFie: Functional Adaptation of Bone to Increased Stress. An Experimental Study, Journal of Bone and Joint Surgery, Vol.**61**, No.4, pp.539–546 (1979)

4) J. D. Currey: Bones –Structure and Mechanics–, Princeton University Press (2002) （骨の強度も参照）

5) 国立天文台 編：理科年表 第91冊，丸善出版 (2017) （材料の比重の値を参照）

6) 町田篤彦 編：土木材料，オーム社 (1999) （杉の強度）

7) 川村満紀：土木材料学，森北出版 (1996) （コンクリートの強度）

8) 中村聖三，奥松俊博：土木材料学，コロナ社 (2014) （鉄の強度）

9) B. Kummer: Biomechanics of Bone, In: Y. C. Fung, N. Perrone and M. Anliker (eds) "BIOMECHANICS", Englewood Cliffs, New Jersey, pp237–271 (1972)

10) F. M. Bengel, P. Ueberfuhr, N. Schiepel et al: Effect of Sympathetic Reinnervation on Cardiac Performance after Heart Transportation, The New England Journal of Medicine, Vol.**345**, pp.731–738 (2001)

11) 戸川達男 編：自律適応する素材 –生体組織–，オーム社 (1995)

12) R. Bruce Martin and David B. Burr: A Hypothetical Mechanism for the Stimulation of Osteonal Remodelling by Fatigue Damage, Journal of Biomechamcs, Vol.**15**, pp.137–139 (1982)

13) D. B. Burr: Orthopedic Principles of Skeletal Growth, Modeling and Remodeling, In: D. S. Carlson and S. A. Goldstein (eds) "Bone Biodynamics in Orthodontic and Orthopedic Treatment", Center for Human growth and development, Craniofacial growth series, Vol.**27** (1992) （骨に発生するひずみ量を基準にしてリモデリングの状態を場合分けしている）

引　用　・　参　考　文　献　　*93*

14) M. Petrtyl, J. Hert and P. Fiala: Spatial Organization of the Haversian Bone in Man, Journal of Biomechanics, pp.161-167 (1996)

15) 伊能教夫，下平真子，小林弘樹：力学構造物を自己組織化するセル・オートマトン，日本機械学会論文集（A編），Vol.**61**, pp.1416-1422 (1995)　（ローカルルールによって生じるシステム全体の挙動）

16) 本田久夫 編：生物の形づくりの数理と物理，pp.171-185，共立出版 (2000)

17) 梅谷陽二，平井成興：生長変形法による構造材の適応的最適形状の決定，日本機械学会論文集，pp.3754-3762 (1976)

18) 伊能教夫，上杉武文：力学構造物を自己組織化するセル・オートマトン，日本機械学会論文集（A編），Vol.**61**, pp.1109-1114 (1995)　（さまざまな位相構造の生成とその形態比較）

7. 筋肉の力学特性

筋肉は，収縮することで力を発生させる生体組織であり，身体を動かすのに欠かすことのできない要素といえる。筋肉を機械システムと対比させると，アクチュエータと呼ばれる機械要素が対応する。では，筋肉と機械のアクチュエータは同じ特性なのだろうか。

本章では，筋肉には生体特有の性質があることを紹介したい。このことを述べる前に筋肉で使われる用語を整理しておくことにする。筋肉は，組織構造や機能に応じていろいろな名称があり，用語の知識がないと混乱する恐れがあるからである。

7.1 筋肉の種類

筋肉の種類は，骨格筋，心筋，内臓筋，横紋筋，平滑筋，随意筋，不随意筋といったようにさまざまな言葉があるので整理してみよう[1]。**図 7.1** は筋肉をカテゴリー別に分類した見取り図である。

まず，筋肉は部位による分類があり，図の中央に描かれているのがそれに相当する。骨格筋は，骨に付着して腕や足を動かすのに必要な筋肉の総称であり，ほかに心臓の鼓動を担う心筋，腸管運動を行う内臓筋に分類される。

つぎに，筋肉は組織構造的（形態学的）観点から横紋筋と平滑筋の2種類に分類される。横紋筋は，組織を拡大すると一方向に整列した糸状の繊維でできている。一方，平滑筋は，紡錘状の筋細胞が集合して組織を構成している。部位で分類する用語と対応させると，骨格筋は横紋筋でできている。心筋は，骨格筋の組織構造と若干異なるが横紋筋に分類される。そして内臓筋は，平滑筋

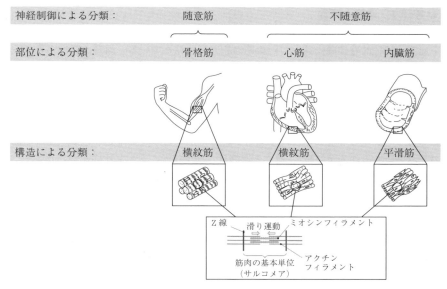

図 7.1 筋肉の分類（文献1を参考にして再構成）

でできている。筋肉の収縮速度は，横紋筋のほうが平滑筋よりも大きい。

　また，神経制御の観点から随意筋と不随意筋に分類される。すなわち，筋肉を中枢からの指令（意志）で動かせる場合は随意筋，動かせない場合は不随意筋と呼ばれる。骨格筋は随意筋であり，心筋は横紋筋でできているが中枢から制御できないので不随意筋である。内臓筋も不随意筋である。

　筋肉が短縮する仕組みは，図7.1の下側に描かれた筋肉の基本単位の構造（サルコメア）で説明される。サルコメアは，ミオシンフィラメントとアクチンフィラメントが重ね合わさった構造をしており，アクチンフィラメントがミオシンフィラメント上をスライドすることにより筋収縮が発生する。1個のサルコメアの短縮はごくわずかであるが，横紋筋の場合はサルコメアが直列的に結合しており，同時にスライドすることにより収縮速度を上げることができる。つまり，筋肉が長いほど収縮速度を稼げる。また，1本の筋繊維はわずかな力しか発生できないが，多数の筋繊維を同時に収縮させれば大きな力を発生させることができる。

参考 **7.1：速筋と遅筋**[2]

　骨格筋には，速筋と遅筋の2種類がある。一般に瞬発的な運動に適している筋肉を速筋，持続的な運動に適している筋肉を遅筋と呼んでいる。両者の特性が異なるのは，ミオグロビンの含有量が異なることに由来する。ミオグロビンは，酸素を蓄える機能があり，この物質が多いと赤みを帯びる。遅筋はミオグロビンが筋組織内に多く存在するため，赤い色をしており酸素を取り込んでいるため持続的な運動が可能である。一方，速筋はミオグロビンが少ないので白っぽく，瞬発力は出るが持続力はない。この2種類の筋肉があることは，魚の切り身で確認できる（魚の側面の「血合い」の部分が遅筋）。速筋と遅筋は，使用状況によって比率が変わり，またトレーニングによっても変えることができる。相撲や重量挙げなどのパワー系の競技とマラソンに代表される持久系のスポーツでは，速筋と遅筋の付け方を変える必要があるので，筋力のトレーニング方法が異なる。

7.2 筋肉の力学特性

　それではこれから筋肉の力学特性について紹介することにしよう。筋肉の特性は，アーチボルド・ヒル（A.V.Hill）によって詳細な計測実験が行われた[3]。Hill は，カエルの骨格筋を取り出し，電気刺激を与えて収縮時の力学特性を調査した。計測方法は，図7.2に示すように筋肉に加える外力を一定にして収縮速度を測定する方法（a）と筋肉の長さを一定にして発生する力を測定する方法（b）の二つがある。前者を等張性収縮，後者を等尺性収縮と呼んでいる。

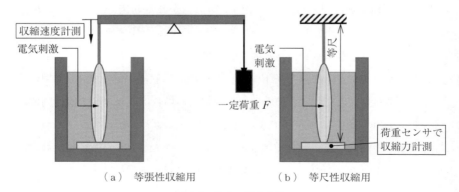

図7.2　筋肉の測定方法

図 7.3 は，方法（a）により筋肉に一定荷重を加えた状態（等張性）で筋収縮を起こさせたときの荷重-収縮速度曲線である。筋収縮で最大速度 v_{max} となるのは無負荷のときであり，最大短縮速度と呼ばれる。一方，荷重量を大きくすると収縮速度が減少し，速度ゼロとなる。この状態で筋肉は最大の荷重量とバランスして長さが変化しないことから，F_{max} を最大等尺性収縮張力と呼ぶ。このような特性は，横紋筋だけでなく平滑筋でも観察される。

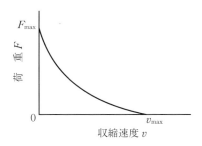

図 7.3 荷重-収縮速度曲線（等張性）

Hill は，カエルの骨格筋を用いて上述の測定実験を行い，荷重-収縮速度曲線にフィットする関数として，式 (7.1) を提案している[3]。これは直角双曲線の式になっており，図 7.3 のようなグラフになる。

$$(F+a)v = b(F_{max} - F) \tag{7.1}$$

ここで，F は荷重，v は短縮速度である。

このグラフでは，前述したように荷重と収縮速度に上限があることに注目しよう。荷重 F を大きくすると筋肉が短縮しない状態になる。これが最大張力 F_{max} である。逆に荷重 F を 0 にすると，最大収縮速度 v_{max} になる。また，a，b は定数で筋肉の種類によって異なる。定数 a は $0.15 F_{max} \sim 0.25 F_{max}$ の値であり，熱定数と呼ばれる。定数 b は，$F=0$ のとき最大収縮速度 v_{max} になるので，式 (7.1) に $F=0$ を代入すれば $b = a v_{max} / F_{max}$ という関係が得られる。

7.1 節で紹介したように筋収縮はサルコメアのスライド運動で発生する。骨格筋の最大収縮速度は，負荷が小さいほど大きな値となるが，図 7.3 からもわかるように負荷がゼロでも収縮速度に上限がある。Hill の測定実験によれば，

$F/F_{max}=0.02$ という低負荷の条件で $v=1.77l_0$ を得ている。ここで l_0 は静止状態の筋肉長であるので,例えば l_0 を 20 mm とすれば約 35 mm/s 程度となる。この実験はカエルの骨格筋で行っているがほかの動物でも大差ない。つまり,人間の腕の運動を想定して筋肉長 l_0 が 300 mm であっても最大収縮速度は 0.6 m/s に達しない。腕を高速動作させるには別の工夫が必要である(演習問題【7.3】を考えてみよう)。

一方,筋肉の長さを一定(等尺性)にして筋力を測定する方法(b)では,どのような特性が得られるのだろうか。それが図 7.4 の曲線である。この曲線は,筋肉長によって筋力が変化することを示している。この筋力は,能動的な収縮力と受動的な収縮力の二つが合算された力と解釈できる。能動的な収縮力とは等尺性張力のことで,筋力が電気刺激によって能動的に収縮したときの張力である。この張力は自然な長さの状態で電気刺激したときに最大となる。もう一つの受動的な収縮力は静止張力と呼ばれており,自然な長さの状態から伸ばしたときの復元力である。いわばゴムを伸ばしたときに発生する張力である。

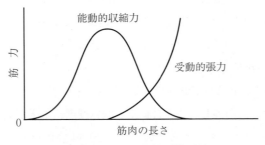

図 7.4 張力-長さ曲線(等尺性)

7.3 筋肉が発揮するパワー

筋肉が発揮する最大パワーを求めてみよう。筋力のパワー P は,荷重負荷時の筋力と収縮速度の積である。式 (7.1) を F について解き,速度 v をかけると次式が得られる。

$$P = Fv = \frac{av(v_{\max} - v)}{v + b} \tag{7.2}$$

ここで $a = 0.2F_{\max}$ とすると $b = 0.2v_{\max}$ であるので式 (7.2) は式 (7.3) のようになる。

$$P = \frac{0.2F_{\max}v(v_{\max} - v)}{v + 0.2v_{\max}} \tag{7.3}$$

P を v の関数とみなして P が最大となる収縮速度 v を求めると $v \fallingdotseq 0.29v_{\max}$ となる。これより $F \fallingdotseq 0.29F_{\max}$ が得られる。つまり最大収縮力の 1/3 程度の力を発揮するときに筋力のパワーは最大となる。最大パワーはこれらの積なので，$P_{\max} \fallingdotseq 0.09F_{\max}v_{\max}$ となる。最大パワーは最大筋力 $F_{\max}$ と最大収縮速度 $v_{\max}$ の積の 10% 以下であり，意外に小さい。この理由は，**図 7.5** に示すように最大パワーが長方形面積の最大値に相当するからである。筋肉特性が反比例的なグラフとなるため，線形的に減少するグラフよりも面積はさらに小さくなることも理解できる。

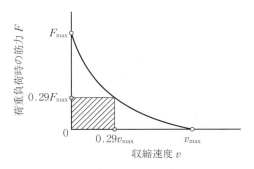

図 7.5　筋肉が発揮する最大パワー

7.4　筋肉の効率について

筋肉は収縮することによって外部に仕事を行う。しかしこれとは別に筋肉は仕事をしなくても収縮するだけでエネルギーを消費する。つまり，筋肉で消費されるエネルギーは，外部に行う仕事 E と短縮することによって消費される

100   7. 筋肉の力学特性

エネルギー Q の和になっている。このことを考慮して筋肉の効率について議論してみよう。

収縮力 F で短い距離 dx だけ筋収縮したとすると，筋肉の仕事は，$dE = Fdx$ となる。一方，筋肉が収縮すること自体によるエネルギー消費量は，$dQ = adx$ となる。ここで a は上述した筋肉の熱定数である。つまり dQ は筋収縮によって生じる熱エネルギーを表している。

したがって単位時間当りの筋肉の消費エネルギー P_{w} は

$$P_{\mathrm{w}} = \frac{dE}{dt} + \frac{dQ}{dt} = (F + a)\frac{dx}{dt} = (F + a)v \qquad (7.4)$$

となる。この式は Hill の方程式である式 (7.1) の左辺に等しい。つまり Hill の方程式は筋肉のパワーに関する式であることがわかる。さて，筋肉のエネルギー効率 η は，全体のエネルギー（仕事＋熱エネルギー）に対する外部に行った仕事の比である。式 (7.4) は単位時間当りで表しているので，時間積分してエネルギー効率 η を表すと式 (7.5) のようになる。

$$\eta = \frac{\int Fvdt}{\int P_{\mathrm{w}}dt} = \frac{\int Fvdt}{\int (F + a)vdt} \qquad (7.5)$$

筋肉が収縮すると，F も v も時間とともに変化するので定量的な議論は難しいが，ここで，概略的な傾向を見るために収縮時間が短く，F と v がほぼ一定であると仮定する。すると式 (7.5) は

$$\eta \approx \frac{Fv}{(F + a)v} = \frac{F}{(F + a)} \approx \frac{F}{(F + 0.2F_{\mathrm{max}})} \qquad (7.6)$$

となる。この式から筋肉は，収縮力が大きい状態で使用したほうが高効率であることがわかる。逆に低負荷で筋肉を伸縮させる動作を繰り返し行うことで効果的にカロリー消費できるともいえる。

7.5 DCモータとの特性比較

筋肉が発生するパワーと機械要素のDCモータとの比較をしてみよう。**図7.6**は，製品カタログに掲載されている代表的なDCモータの特性である。横軸にモータの発生トルクをとり，縦軸に効率，パワー，電流，回転数がある。グラフ内の四つの変化はどれに対応するのだろうか（図7.6では明示している）。

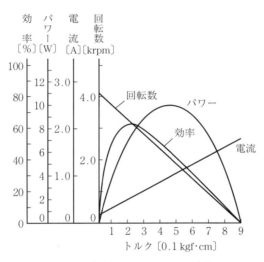

図7.6 代表的なDCモータの特性

まず，直線的に増加するのが電流である。つまり，DCモータは加える電流が大きいほどトルクが発生する。トルクがゼロの状態でも電流値がゼロでないのは，モータの回転に一定以上の電流を必要とするためである。

つぎに，トルクとともに直線的に減少しているグラフがある。これは回転数の関係を示している。回転数はモータの負荷，すなわちトルクが大きくなるほど回転数が減少する。最も高速回転が行えるのは無負荷状態である。

つぎに横軸の中央で最大となる放物線状のグラフに注目してみよう。これは

102　　7. 筋 肉 の 力 学 特 性

モータが発揮するパワーである。パワーはトルクと電流の積なので，最大トルクの半分の値でパワー最大となる。

　最後に残ったのが DC モータの効率である。モータの効率は，投入された電力量に対してモータが外部に行う仕事量の比で決まる。理想的なモータは効率 100 ％となるが，実際は電機子の電流損や回転軸の摩擦抵抗等のため，60 ～ 80 ％程度の効率となる。このときの効率が左側にピークをもったグラフとして描かれている。つまり，モータは発揮するトルクが小さいときに効率が高くなる。効率については，筋肉の場合と事情が異なることがわかる。人間を含む機械システムをデザインするときには，注意を払ったほうがよい特徴である。

演 習 問 題

【7.1】　マグロやサバ，アジなどの回遊魚は，体の側面が赤い肉でできており，中の肉は白い。この理由を考えなさい。

【7.2】　式 (7.3) を v で微分して最大パワーとなる収縮力と最大速度を求めなさい（本文中の数値となることを確認しよう）。

【7.3】　プロ野球選手は，時速 150 km 程度の球を投げることができる。これは秒速 40 m にも達する。ところが筋肉の収縮速度は，7.2 節で述べたように 0.6 m / s 程度である。なぜ大きな球速を出せるのか説明を試みなさい。

引用・参考文献

1)　日本機械学会 編：生体機械工学，日本機械学会 (1997)　（機械系のバイオエンジニアリングの関連事項が総合的に記述されている）

2)　K. Schmidt-Nielsen: Animal Physiology (3rd edition), Cambridge University Press, pp.429-430 (1987)　（速筋と遅筋の違いがわかりやすく述べられている）

3)　A. V. Hill 著，若林勲，真島英信 訳：筋収縮力学の実験，医学書院 (1972)　（実験が詳細に記述されている。原著は，First and Last Experiments in Muscle Mechanics, Cambridge University Press (1970)）

8. 生物の移動

　生物，無生物を問わず，ある場所から別の場所に移動するにはエネルギーを必要とする。移動に要するエネルギーが少ないほうがよいのは生物でも同じである。本章では，生物の移動を機械工学的観点から考える方法について述べる。まず，物体が移動するときの効率性を議論する際に用いられる移動仕事率について説明する。つぎに，人間の歩行に移動仕事率を適用し，歩行運動の特徴について考察する。

8.1 移動仕事率

　例として平坦な地面を走行する乗り物をイメージしてみよう。この乗り物は移動に要したエネルギーが移動距離に対して小さいほど移動性能が高いということになる。また，車体が重くても移動に必要なエネルギーが小さければ性能がよいと言える。この移動性能を「移動効率」として定義したいところであるが，移動効率を表現する式はない。というのは，効率の値は一般に最大値を100 %，最小値を0 %となっているが，例えば摩擦のない水平面内の移動を考え，これを移動効率100 %としたいところだが，式を具体的に定義するのは難しいことがわかるだろう。

　そこでB. G. Gabrielleとvon Karmanは，式 (8.1) のような式で**移動仕事率** (specific power) を定義した[1]。

$$\varepsilon = \frac{E}{Wl} = \frac{P}{Wv} \tag{8.1}$$

ここで，E：移動に必要とするエネルギー，W：移動体の重量，l：移動距離，

P：移動時の消費パワー，v：移動速度である。

移動体の重量 W は力の単位であり，移動体の質量 M と重力加速度 g を使えば，つぎの式 (8.2) のようにも書ける。

$$\varepsilon = \frac{E}{Mgl} = \frac{P}{Mgv} \tag{8.2}$$

式 (8.2) で移動仕事率の物理的な意味を確認しよう。図 8.1 のように水平方向に移動する物体 M が距離 l だけ移動する状況を考える。物体と水平面の間に摩擦（動摩擦係数を μ' とする）があり，物体を外力で動かすには，$\mu' Mgl$ のエネルギーが必要である。つまり，式 (8.2) の分母 Mgl は，動摩擦係数 $\mu' = 1.0$ の面上で移動物体を l だけ移動するのに必要なエネルギーと解釈できる。このエネルギーを基準にして実際に移動で消費したエネルギー E の割合を移動仕事率 ε としている。このため移動仕事率の値が小さいほど移動性能が高いことになる。移動仕事率 ε は，単位重量の移動物体が単位距離移動するために必要なエネルギーと解釈できるが，MKS 単位系では定義式は分母，分子とも同じ次元なので無次元量である。

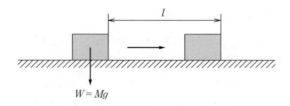

図 8.1　移動仕事率の説明図

移動仕事率は，もともとは人工物の移動性能を調べるために提案されたものであり，後に生物の移動を議論する際にも利用されている。第 1 章で述べた馬の歩行時のエネルギー消費も移動仕事率と同様の考え方で議論しているので確認してほしい。

図 8.2 の Gabrielle-von Karman ダイアグラムは，生物と乗物の移動仕事率を示している[2]。水上を移動する船舶やレールの上を走る列車は，移動仕事率が小さくなることは容易に想像できる。ジェット機やヘリコプターは，船舶や

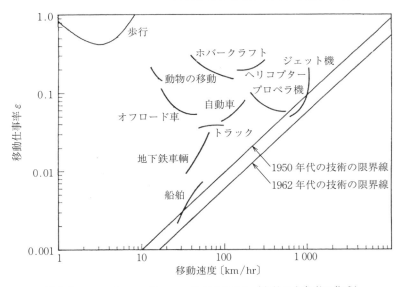

図 8.2 Gabrielle-von Karman ダイアグラム（文献 2 を参考に作成）

列車に比べると移動に多くのエネルギーを必要とするので，移動仕事率は大きくなることも理解できる．図中の直線は技術の限界を示している．移動速度が大きいほど移動仕事率が高くなる傾向があるので右上がりの限界線が現れる．この限界線を下側へ移動させるには移動性能について全般的な技術の向上が必要である．1950 年代の限界線よりも 1960 年代のほうが下側になっているのは移動機械に関する技術の底上げを示していることになる．

8.2　移動仕事率の簡単な計算例

つぎに，生物の移動仕事率がどのくらいの値なのか実感するために簡単なモデルを使って調べてみよう．ここでは文献 2 に記載された例を紹介する．

① **跳躍（単発的な跳躍運動）の場合**　　カエルやノミのように跳躍運動で移動する場合の移動仕事率を考えてみる．単発的な跳躍運動を想定して地面に着地後，身体は完全に停止するとする（図 8.3 (a)）．つまり運動エネルギー

8. 生物の移動

（a） 1回の跳躍　　　　　　　　　（b） 連続的跳躍

図 8.3　跳躍による移動モデル

は1回の跳躍で全て消費されると仮定する．移動物体の質量 M を質点とみなせば，角度 θ から発射した質点の運動として計算できる．まず，跳躍運動によって移動する水平方向の移動距離は跳躍の初速度を v_0 とすれば，式 (8.3) で求まる．

$$l = \frac{v_0^2}{g} \sin 2\theta \tag{8.3}$$

したがって，運動エネルギーを質点運動とすると移動仕事率は式 (8.4) のように求まる．

$$\varepsilon = \frac{\frac{1}{2}Mv_0^2}{Mgl} = \frac{1}{2\sin 2\theta} \tag{8.4}$$

この式から移動仕事率が最小となるのは，$\theta = \pi/4$ のときであり最小値は $\varepsilon = 0.5$ となる．

② **疾走（連続的な跳躍運動）の場合**　　カンガルーは，跳躍運動を繰り返して疾走する．さきほどの1回限りの跳躍とは異なり，図 (b) のように連続的に跳躍運動を行うと，水平方向の運動エネルギーの大半は保持されると考えてよいだろう．そこで連続的な跳躍運動では，重力方向の運動エネルギーのみ消費されると仮定して移動仕事率を求めると式 (8.5) のようになる．

$$\varepsilon = \frac{\tan \theta}{4} \tag{8.5}$$

式 (8.5) では最小値は存在せず，θ が小さいほど値が小さくなる．つまり，跳躍時の角度が小さいほど効率的に移動できることになる．ただし，θ が小さすぎると疾走状態を続けるのが困難になるので，実際は最小値が存在すると考えられる．ちなみに，$\theta = \pi/4$ での移動仕事率は，$\varepsilon = 0.25$ となり単発的な跳

躍運動と比べて半分の値になる。

以上のことから，跳躍を主体とした移動仕事率は0.2〜0.5程度になることがわかった。ただし，上述した2例は生物的な移動様式ではあるが，生物が生命活動を行うためのエネルギー，すなわち基礎代謝率を考慮していない。また移動様式が歩行の場合は速度も影響してくる。そこで，次節では歩行時の消費エネルギーに関する重要な要素について考えることにする。

8.3　歩行時の消費エネルギーを決める二つの要素

つぎのような問題を考えてみよう。平坦な場所でA地点からB地点まで徒歩で移動するとする。このとき，到着までに必要な消費エネルギーを最小とする速度は存在するのだろうかという問いである。この問題は極端な場合を考えると予想を立てやすい。

まず，歩行速度がとても遅い場合を考えてみよう。この場合，歩行運動のエネルギーは小さいので，消費エネルギーも減少するように思えるかもしれない。しかし，実際は目的地に到着する時間が極端に長くなるので，消費エネルギーは増加するのである。なぜなら我々は歩かなくても生命活動を維持するためにエネルギーを必要とするからである。

第2章で紹介したように人間の基礎代謝率は，体重60kgの人ならおよそ80W（ワット）である。立位姿勢の状態になると，それ以上のエネルギーが必要である。つまり到着時間に比例してこの消費エネルギーが上乗せされることになる。

逆に，歩行運動がとても速い状態はどうだろう。確かに到着時間が短くなるので，代謝率に関係するエネルギーは小さくなる。しかし，歩行運動に必要なエネルギーは増大する。このエネルギーの増加の仕方は，後述するように歩行速度の2乗以上で効いてくる。つまり，速く歩くほど消費エネルギーは急激に増加する。

以上の考察から2点間を移動する際の歩行には，歩行速度ゼロでの基礎代謝

率に関係するエネルギーと歩行運動による増加エネルギーの二つの要素が関係していることがわかる。この二つの要素で消費エネルギーが最小となる歩行速度が存在すると予想される。このことを次節では数式を用いて説明する。

8.4　実験に基づく歩行時の移動仕事率

人間が歩行するときに，どのくらいのエネルギーが必要だろうか。この問いに答えるには，歩行時に消費されるエネルギーを測定しなければならない。Ralston らは，ベルトコンベアの速度が可変なトレッドミルを使って人間が歩行するときの酸素消費量を測定し，歩行時の消費パワーを次式のように算出している[3),4)]。図 8.4 のグラフで二次式がこれに相当する。

$$p_w = 32 + 0.005\,0 v_w^2 \quad [\text{cal}/(\text{kg}\cdot\text{min})] \tag{8.6}$$

ここで，p_w は，単位時間かつ単位重量当りの消費エネルギー〔cal〕である。また，添え字 w は walk を意味している。使用している単位が MKS 単位系でないことに注意しておきたい。v_w は歩行速度であり，単位は〔m/min〕である。つまり，一分間当りの歩行距離である。

この式 (8.6) を詳しく見てみよう。まず，右辺第 1 項の定数は立位姿勢での消

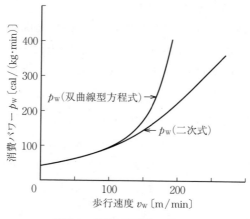

図 8.4　歩行の実験式のグラフ

費パワーであることがわかる。1 cal＝4.2 J なので体重 60 kg の人なら約 130 W である。安静状態と比べて立位姿勢になるだけで約 50 W 増加していることになる。第 2 項目は，歩行運動に関わる消費パワーで歩行速度の 2 乗になっている。1 分間に 80 m 程度の比較的遅い歩行速度でも立位姿勢と同じエネルギー消費のレベルとなることが式 (8.6) で確認することができる。

式 (8.2) を用いて移動効率を計算してみよう。まず，$W = Mg$ であるので式 (8.2) は，式 (8.7) のように書き直せる。

$$\varepsilon = \frac{P}{Mgv} = \frac{p}{gv} = \frac{p}{9.8v} \tag{8.7}$$

ここで，p は単位質量当りの消費エネルギーである。重力加速度は MKS 単位を使用し，$9.8\,\mathrm{m/s^2}$ とした。

つぎに，式 (8.6) の p_w を MKS 単位に変換する。1 min＝60 s，1 cal＝4.2 J であるので，変換後の値を p とすると式 (8.8) のようになる。

$$p = \frac{4.2}{60}\,p_w \quad [\mathrm{J/(s \cdot kg)}] \tag{8.8}$$

また，v_w も MKS 単位に変換して v で表すと，式 (8.9) のようになる。

$$v = \frac{v_w}{60} \quad [\mathrm{m/s}] \tag{8.9}$$

したがって式 (8.7) は，式 (8.10) のようになる。

$$\varepsilon = \frac{p}{9.8v} = \frac{4.2 \times p_w}{60 \times 9.8v} = \frac{4.2\{32 + 0.005 \times (60v)^2\}}{60 \times 9.8 \times v} = \frac{4.2(32 + 18v^2)}{60 \times 9.8 \times v} \tag{8.10}$$

式 (8.10) は最小値が存在する。式 (8.10) を v について微分して最小値を求めると移動速度 $v = 4/3 \fallingdotseq 1.33\,\mathrm{m/s}$ のとき移動仕事率 $\varepsilon \fallingdotseq 0.34$ という値が得られる。歩行の消費エネルギーが最小となる速度を選んでも移動仕事率は人工物に比べるとかなり高い値であることがわかる。

8.5 なぜ最適な速度が存在するのか

前節で述べたように，人の歩行の移動仕事率は最適値が存在する。ではなぜ

移動仕事率が最小となる歩行速度が存在するのかを考えてみよう。

前節で紹介した歩行時の消費パワーに関する実験式から一人の人間の消費パワー P は，つぎのような式で表現できると考えられる。

$$P = P_{standing} + P_{walking}$$

ここで，$P_{standing}$：立位状態での消費パワー，$P_{walking}$：歩行時の消費パワーである。すると，式 (8.2) の移動仕事率は，式 (8.11) のようになる。

$$\varepsilon = \frac{P}{Mgv} = \frac{P_{standing} + P_{walking}}{Mgv} \tag{8.11}$$

$P_{standing}$ は一定値であり，$P_{walking}$ は歩行速度の 2 乗に比例することを考慮すると式 (8.12) のように表現できる。

$$\varepsilon = \frac{a}{v} + bv \tag{8.12}$$

ここで，a，b は正の定数である。

この移動仕事率の式 (8.12) をグラフにすると**図 8.5** のようになる。つまり第 1 項目の反比例的に減少する関数と比例的に増加する関数の和で最小値（図中の白丸）が生まれる。Ralston の実験式では，歩行時の消費パワーは速度の 2 乗に比例するため，式 (8.12) の第 2 項目の指数は 1 になっていることに注目しよう。移動仕事率に最小値が現れるためには，式 (8.12) の第 2 項目は増加関数である必要がある。したがって，式 (8.6) のような歩行時の消費パワーの式では歩行速度の指数が 1 よりも大きい必要があることがわかる。このことは

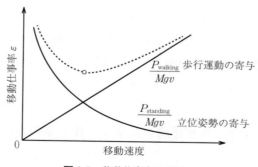

図 8.5　移動仕事率のグラフ

重要である。

　過去のいくつかの研究では，動物の走行時に必要な消費エネルギーが移動速度に比例するという報告もある[5]。しかし，それでは移動仕事率の最小値は現れないことになる。第1章で紹介した馬の歩行の研究報告では，この点を指摘した上で，歩行時の消費パワーが非線形的に増加していることを確かめている。

8.6　実験式の妥当性の検討

　前節の議論では歩行時の消費パワーは歩行速度の2乗に比例する実験式で議論した。この指数はどのように決めたのだろうか。じつは Ralston らは，後の研究で別の実験式も提案している[6]。

$$p_\mathrm{w} = \frac{p_0}{\left(1 - \dfrac{v_\mathrm{w}}{v_\mathrm{u}}\right)^2} \tag{8.13}$$

ここで，v_u：歩行速度の上限値で $240\,\mathrm{m/min}$，p_0：立位姿勢での消費パワーである。図 8.4 の双曲線型方程式がこれに相当する。この実験式は級数展開すると式 (8.14) のような形に表現できる。

$$p_\mathrm{w} = p_0(1 + c_1 v_\mathrm{w} + c_2 v_\mathrm{w}^2 + c_3 v_\mathrm{w}^3 + \cdots) \tag{8.14}$$

ここで，c_1，c_2，$c_3\cdots$ は定数とした。

　歩行速度 v の関数が高次の項まで入っていることになる。実験式なので，計測値にフィットしそうな適当な関数を設定して係数を求めればよいと思うかもしれないが，物理的に意味のある項を考えて係数を決められるのなら，そのほうが合理的である。

　そこで本節では，歩行運動の数理モデルを用いて，消費パワーの式を導き，これを使って移動仕事率について議論する。歩行の数理モデルは Rashevsky の提案したモデル[7]を参考にして図 8.6 に示す2脚モデルを考える。

　歩行時に必要なパワー（単位時間当りのエネルギー）を P として，三つの要素を考えることにする。これらは立位姿勢時の消費パワー P_standing，歩行時

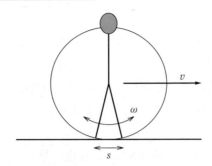

図 8.6 歩行の数理モデル（2 脚モデル）

の消費パワー P_{walking}，身体全体の鉛直方向の上下動によって失われる消費パワー P_{updown} である。まとめると

$$P = P_{\text{standing}} + P_{\text{walking}} + P_{\text{updown}} \tag{8.15}$$

となる。

P_{standing} は，一定値なので P_{walking} について考える。P_{walking} は脚の往復運動から見積もることができる。脚は膝関節を伸ばした状態で角速度一定で運動を行うものとする。単位時間当りの歩数を n として P_{walking} を見積もると，式 (8.16) のようになる。

$$P_{\text{walking}} = \frac{1}{2} I \omega^2 n = \frac{1}{2} I \left(\frac{v}{l}\right)^2 n = \frac{1}{2} I \left(\frac{ns}{l}\right)^2 \tag{8.16}$$

ここで，I：脚の慣性モーメント，l：脚の長さ，s：歩幅，v：歩行速度である。脚を単純な棒で近似して脚の質量を m とすれば

$$I = \frac{1}{3} m l^2 \tag{8.17}$$

となる[†1]ので，P_{walking} は式 (8.18) のようになる[†2]。

$$P_{\text{walking}} = \frac{mv^3}{6s} \tag{8.18}$$

---

†1 Rashevsky の論文では $I = ml^2/4$ としている。係数の根拠は明示されていないが，脚の長さの半分の箇所に質量が集中していると考えた慣性モーメントの式と思われる。慣性モーメントについては，本章の中で簡単な説明を入れたので，必要ならば参照していただきたい。

†2 このことは文献2でも指摘されている。

8.6 実験式の妥当性の検討   113

実際は脚の往復運動の一部は次の運動に利用される．ここでは歩行速度 v の関数に注目しているので，式 (8.18) を式 (8.19) のように記述することにする．

$$P_\mathrm{w} = \alpha v^3 \tag{8.19}$$

つぎに身体の上下動による消費パワー P_updown について考える．この消費パワーは図 8.7 に示すように歩行時に脚が開くときに身体の重心位置は下がり，脚が閉じれば重心位置は上がることによって生じる．この上下動によってポテンシャルエネルギーがすべて消費されると考えると

$$P_\mathrm{updown} = Mg\delta n = Mg\delta \frac{v}{s} \tag{8.20}$$

と表せる．身体の上下動距離 δ は，脚の幾何学的関係から式 (8.21) のように求まる．

$$P_\mathrm{updown} = Mg\left(\frac{s^2}{8l}\right)\frac{v}{s} \tag{8.21}$$

ここで，式 (8.22) の近似式を利用した

$$\sqrt{1-x} \approx 1 - \frac{1}{2}x \tag{8.22}$$

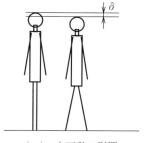

（a） 上下動の影響   （b） 脚の幾何学的関係

図 8.7　身体の上下動の影響と脚の幾何学的関係

したがって，P_updown は式 (8.23) のように表せる．

$$P_\mathrm{updown} = Mg\left(\frac{s^2}{8l}\right)\frac{v}{s} = \frac{Mgvs}{8l} \tag{8.23}$$

ただし，M は身体全体の質量である．この上下動によるパワーも一部はつぎ

の歩行運動に利用される．ここでは歩行速度の次数に注目しているので，式(8.24)のように表すことにする．

$$P_{updown} = \beta v \tag{8.24}$$

したがって，全体の消費パワー P は式 (8.25) のように表せることになる．

$$P = P_{standing} + \alpha v^3 + \beta v \tag{8.25}$$

このようにして得られた式には移動速度 v に関して1次と3次の関数であり，2次の項は入っていない．またそれ以上の高次の項もない．実験式を立てる場合も物理的な現象を考慮して次数を決めた上で係数を実験データによって決定したほうがよいと考えられる．

式 (8.24) から，移動仕事率は式 (8.26) の形で表せる．

$$\varepsilon = \frac{a}{v} + bv^2 + c \tag{8.26}$$

ここで，a，b，c は正の定数である．

これをグラフにすると図8.8のようになる．第3項の身体の上下動による寄与は一律に移動仕事率を増加させていることがわかる．

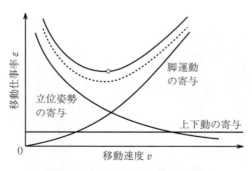

図 8.8　上下動を含めた移動仕事率

|参考|8.1：慣性モーメント

慣性モーメントは，物体の回転しにくさを示す物理量であり，以下の式で求められる。

$$I = \int r^2 dm$$

つまり，微小質量 dm と回転中心からの距離 r の2乗との積である $r^2 dm$ を物体全体にわたって積分した値である。

この式を使って，図8.9に示す質量 m，長さ l の棒の慣性モーメントを求めてみよう。回転中心を棒の端に取り，座標系を棒に沿って x 軸とする。ここで棒の線密度を ρ とすると，$dm = \rho dx$ と書ける。また $\rho = m/l$ であるので，上式の慣性モーメント I はつぎのようになる。

$$I = \int_0^l x^2 \rho dx = \int_0^l x^2 \frac{m}{l} dx = \frac{m}{l} \int_0^l x^2 dx = \frac{1}{3} ml^2$$

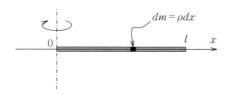

図8.9 質量 m，長さ l の棒

これが棒の端を回転させるときの慣性モーメントである。ちなみに棒の中心まわりの慣性モーメントは，$I = ml^2/12$ となり，棒の端で回転させるよりも回しやすいことがわかる。

また，慣性モーメント I の物体が角速度 ω で回転しているときの運動エネルギー E は

$$E = \frac{1}{2} I \omega^2$$

と表せる。この公式はつぎの式変形から求められる。物体内の微小質量 dm について考えると，その速度 v は ωr となるので，微小質量の運動エネルギー dE は

$$dE = \frac{1}{2} dm \cdot v^2 = \frac{1}{2} dm (\omega r)^2 = \frac{1}{2} \omega^2 r^2 dm$$

となる。これを物体全体にわたって積分すれば上記の公式が得られる。

植物の七不思議 ― その6：頂上の覇権争い

　図（a）のどこがおもしろいのかわかるだろうか。この植物はヒマラヤスギで，頂上が剪定されている。これはおそらく高さ制限の処置なのだろう。ヒマラヤスギは，自然な状態では図（c）のように枝は幹に対して垂直に伸びて優美な樹形となる。ところが，図（b）では周辺の枝が上方に向きを変えている。まるで自分がリーダー（幹）になるかを競うような様相である。なぜこのような争いが起こるのだろうか。詳しいことは明らかにされていないが，植物の生長点は幹の先端部にあるので，この箇所から周囲に幹以外がリーダーになることを抑制していると予想される。

（a）頂上が剪定されたヒマラヤスギ　　（b）（a）の拡大図　　（c）自然な状態のヒマラヤスギ

図　ヒマラヤスギの枝の伸び方

演 習 問 題

【8.1】　式 (8.5) を確認しなさい。

【8.2】　式 (8.22) の近似式の導出を確認しなさい。

【8.3】　式 (8.23) を導きなさい。

【8.4】　体重 60 kg の人間が移動効率を最小で歩くとき，1 m 移動するのに必要なエネルギーを求めなさい。

【8.5】　第1章の図1.6に示した子馬の歩行時の酸素消費量をもう一度見てみよう。三つの歩容に対する酸素消費量は，どの歩容でも1 m 移動するのに最小値が約 14 ml-O_2 となっている。この値から移動仕事率を推定したい。1 L の酸素消費は 5 kcal に相当するとし[9]，子馬の体重を 140 kg として計算しなさい。

引用・参考文献　　117

【8.6】　Rashevsky の提案した歩行モデルの式 (8.25) を使って移動仕事率を計算して
　　みよう。立位時のパワーは Ralston の値を使ってよい。係数 α, β を 1 にしても算
　　出される値は，実測値よりも小さくなると思う。移動仕事率を求める項目として
　　何が足りないのか考えなさい。

【8.7】　頭の上に荷物を載せて歩くことを想像してみよう。荷物の重さによって移動
　　仕事率は変化するだろうか。これに関連して興味深い報告（文献8)があるので興
　　味のある人は，読んでいただきたい。

引用・参考文献

1)　G. Gabrielli and T. von Kármán: What Price Speed? Specific Power Required for
　　Propulsion of Vehicles, Mechanical Engineering, ASME, Vol.**72**, p775-781 (1950)

2)　梅谷陽二，広瀬茂男：ほふく運動の生物力学的研究 –移動様式としての評価–,
　　バイオメカニズム，Vol.**2**, pp.289-297 (1973)

3)　H. J. Ralston: Energy-speed Relation and Optimal Speed during Level Walking, Int
　　Z angew. Physiol. einschl. Arbeitsphysiol. Vol.**17**, pp.277-283 (1958)

4)　J. Rose and J. G. Gamble: Human Walking (3rd edition), pp.89-91, LIPPINCOTT
　　WILLIAMS & WILKINS (2006)　（人間の歩行に関するバイオメカニクスの研究が網
　　羅されている専門書）

5)　C. R. Taylor, K. Schmidt-Nielsen and J. L. Raab: Scaling of Energetic Cost of
　　Running to Body Size in Mammals, American Journal of Physiology, Vol.**219**, No.4,
　　pp.1104-1107 (1970)

6)　M. Y. Zarrugh, F. N. Todd and H. J. Ralston: Optimization of Energy Expenditure
　　during Level Walking, European Journal of Applied Physiology and Occupational
　　Physiology, Vol.**33**, pp.293-306 (1974)　（Ralston の実験式も載っており，文献3より
　　もより多くのデータから係数を算出している。本書ではこちらの係数を採用している）

7)　N. Rashevsky: A Note on Energy Expenditure in Walking on Level Ground and
　　Uphill, The bulletin of mathematical biophysics, Vol.**24**, pp.217-227 (1962)

8)　N. C. Heglund, P. A. Willems, M. Penta and G. A. Cavagna: Enegy-saving Gait
　　Mechanics with Head-supported Loads, Nature, Vol.**375**, pp.52-54 (1995)　（同じ
　　雑誌の 17 ページにこの論文を紹介する短い解説が載っている）

9)　K. E. Barret, S. M. Barman, S. Boitano and H. L. Brooks: Ganong's Review of
　　Medical Physiology (25th Edition), McGraw Hill Education (2016)　（測定データ
　　として酸素 1 L 当りの放出熱量は 4.82 kcal とあるので，概算値で利用）

9. 生物の感覚器官

　人間の知的活動には，外界情報の正確な把握が必要である。その情報把握は，眼や耳に代表される感覚器官が担当している。そのため感覚器官の性能を知っておくことは，人間を工学的観点から考える上で重要である。

　人間の感覚器官は，外界情報を正確かつ迅速に把握できるように発達してきた。特に視覚と聴覚の性能は，ほかの生物よりも優れた点が多い。ただし，すべての点で人間の感覚器官が優れているわけではない。このことを確認するために，本章では人間と昆虫の感覚器官について紹介する。昆虫は約 4 億年前に出現したといわれており，人類よりも 100 倍の歴史がある。つまり，それだけ長い期間を生き抜いている理由を感覚器官の観点から考えてみたい。

9.1 感覚器とセンサ

　本論に入る前に人工物のセンサの役割を確認しておこう。センサ（sensor）は，光，熱，音などの物理量に反応する感知器を意味し，工学分野の重要な要素となっている。しかしセンサという言葉は，もともとは生物に由来しており，sensory（感覚の，知覚の）と語源が同じである。つまり，センサという言葉は感覚器による知覚機能に由来している。

　図 9.1 は，生物の基本的な行動原理をブロック図で示したものである。感覚器から外界情報を取り入れて，脳が状況判断して取るべき行動を決め，筋肉を制御して外界に働きかけるという図式である。括弧内に示した言葉は，機械システムの要素であり，生物と同じ構成になっていることがわかる。

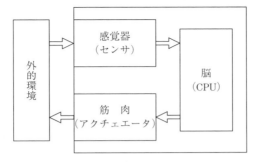

図 9.1 生物と機械システムの関係

9.2 光と音の物理量について

人間の五感と呼ばれているものは，視覚，聴覚，嗅覚，味覚，触覚であり，外界からの情報を得るセンサの役割を果たしている[†]。本書では，機械工学分野でよく扱われる光と音に対応する感覚，すなわち視覚と聴覚の仕組みを中心に解説する。また触覚についても昆虫との比較で少し紹介する。嗅覚と味覚について興味のある方は，別の参考書で学習していただきたい。人間の視覚と聴覚がいかに優れているかを理解するためにまず，光と音の物理学的な事柄を整理しておく。

9.2.1 光に関する単位

光は，光度，光束，照度という物理量があり，以下のように定義されている。
・光度：光の強さ。単位は cd（カンデラ）
・光束：光の量。単位は lm（ルーメン），（1 cd の光の量は 4π lm）
・照度：場所の明るさ。単位は lx（ルクス＝ルーメン／m^2）

図 9.2 は，これらの三つの物理量の関係を示したものである。まず，一つ目

[†] 感覚器はセンサではなく比較器であるという指摘がある[1]。感覚器の特性には強い非線形性があるので，この主張はもっともと思う。ただし，本書は外界からの情報を入力する生体システムの要素としてセンサという言葉を使用している。

9. 生物の感覚器官

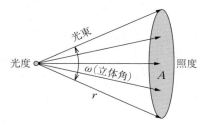

図 9.2 光に関する単位

の物理量である光度は光源から発する光の強さで単位はカンデラである。カンデラは燭台という意味があり，ローソクの1本がおよそ1 cdの光度といわれている。もちろんローソクの大きさによって変化するが，光度のイメージはつかめると思う。

　二つ目の物理量，光束は光源から発する光の量を表し，単位はルーメンである。光束は，太陽光発電パネルからわかるように受光面が大きければ，比例的に大きくなる。また，単位面積当りの光束は光源からの距離の二乗に反比例して小さくなる。光源から受け取る光の量は，立体角（半径1の球の表面積に対する投影面積比，単位はsr（ステラジアン））を用いると的確に表現される。立体角 ω は受光面積 A と距離 r を使って式 (9.1) のように定義される。

$$\omega = \frac{A}{r^2} \tag{9.1}$$

したがって，球面全体ならば立体角は 4π 〔sr〕となる。半径1 mの球面の中心に1 cdの光源が置かれている状況を考えよう。この場合，球面1 m^2 に相当する面積の立体角は1 sr，つまり単位立体角となる。この単位立体角に相当する面積（1 m^2）で受ける光の量を1 lmと定義している。言い換えれば球面全体で受ける光束は，球面の半径によらず 4π 〔lm〕である。

　三つ目の照度は明るさを表す。単位はルクスであり，日常生活でもよく使われている。照度は，光束を受光面積で割った数値である。1 lmの光の量を面積1 m^2 で受けているときの照度が1 lxとなる。

　最後に光とエネルギーの関係を述べる。光のエネルギーは高校の物理で学習

したように波長に依存する。エネルギーで換算する場合は、基準となる波長で定義しておく必要がある。1979 年に国際度量衡総会で光のエネルギーは、つぎのように定義された。すなわち、光の単位時間当りのエネルギーは、555 nm の光[†1] が単位立体角（1 sr）当り 1/683 W（ワット）に相当する光度である。つまり、1 cd の光源ならば単位立体角当り 1 lm の光量であり、光のパワーは $1/683 \fallingdotseq 1.46 \times 10^{-3}$ W となる。1 本のローソクの光のパワーは非常に小さいことがわかる。

9.2.2　音に関する単位

音の物理量は、波の強さを表現するため音圧が基準となる。人間が聞き取れる最小音圧は $p_0 = 20$ μPa とされている。また、聞くことが耐えられる最大可聴の音圧は $p_{max} = 20$ Pa とされている。

この音圧 p を使って単位面積当りの音のパワー I が式（9.2）のように表せる[†2]。

$$I = \frac{p^2}{\rho v} \quad [\mathrm{W/m^2}] \tag{9.2}$$

ここで ρ：空気の密度 1.2 kg/m³、v：音速 340 m/s である。

音の大きさを示す**音圧レベル** SPL（sound pressure level）は、最小音圧となるパワー I_0 を基準にして、次式で表現される。音のパワーの比が対数表示されることに注意したい。

$$\mathrm{SPL} = 10 \log_{10} \frac{I}{I_0} = 20 \log_{10} \frac{p}{p_0} \quad [\mathrm{dB}] \tag{9.3}$$

音の大きさ（音圧レベル）の単位は dB（デシベル）となっており、**表 9.1** は、おおよその音の大きさである。なお、phon（フォン）という単位は、音の聴覚的な強さを表す単位で 1 kHz での音圧レベルを基準としている。後述するように人間は周波数によって聞こえる音圧レベルが異なる。

式（9.3）より 120 dB の音の大きさは、人間の耐えられる最大音圧時に対応

---

†1　人間の目で最も明るく感じる波長で黄緑色の光。
†2　通常、「音の強さ」と記述されるが、ここでは単位系を意識して「音のパワー」とした。

表 9.1 身の回りの音の大きさ[21]

音の大きさ〔dB〕	身の回りの音
120	間近で聞くジェット機の離陸音
100	間近で聞く大型トラックの走行通過音
80	幹線道路沿いの音
60	普通の会話
40	静かな室内
20	ささやき声

することがわかる．また，このときの音のパワーは式 (9.2) を使えば $1\,\mathrm{m}^2$ 当り $0.98\,\mathrm{W}$ と計算できる．騒音の割にパワーに換算すると小さい値であることがわかる．

9.3 人間の感覚器官

人間の五感の中で視覚と聴覚の仕組みと性能を紹介する．また触覚の構造を簡単に述べる．

9.3.1 人間の視覚

人間にとって視覚は，「百聞は一見に如かず」という言葉もあるように眼から多くの外界情報を得ている．まず，眼の基本構造を確認しておこう．図 9.3

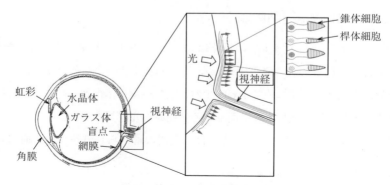

図 9.3 人間の眼の構造（文献 2 を参考にして作成）

9.3 人間の感覚器官　　123

は人間の眼の構造を示している。外界の視覚情報は，水晶体と呼ばれるレンズ
を通して網膜上に投影される。網膜に投影された像は，視細胞で電気信号に変
換される。そして網膜上で若干の信号処理が行われて視神経を通して脳に伝達
される。眼の機能を理解するために眼の構成要素ごとに特徴を述べる。

〔1〕 レンズの機械的性質

外界からの視覚情報はレンズを通して網膜に投影される。生体のレンズは以
下の特徴がある。

・**柔らかいレンズ**　　生物のレンズである水晶体は，液体を含み外力によっ
て変形する。水晶体の周辺部には毛様体と呼ばれる筋肉があり，水晶体に外向
きの張力を加えることによって水晶体を変形させ，焦点距離を調整することが
できる。人工物でも形状が変化するレンズはあるが，精密機械で使用可能な性
能には達していない。

・**屈折率分布型レンズ**　　水晶体は中心部分の屈折率が高く，周辺部では低
くなっている[3]。このような屈折率分布型レンズは波長の色ずれを防ぐ機能が
ある。工業用途では，球面レンズと非球面レンズがある。製造が容易な球面レ
ンズは，波長によって焦点距離が異なるので色ずれが発生しやすい。このた
め，色ずれ防止には球面レンズを複数組み合わせる方法がとられている。非球
面レンズは，色ずれが起こりにくいが設計・製造は球面レンズよりも難しい。
また，グリンレンズは屈折率分布型レンズであるが，大きなレンズ径の製造は
難しく用途が限られている。

〔2〕 視細胞の構造と性能

外界からの視覚情報は水晶体を通して網膜に投影される。光を感知する箇所
は視細胞と呼ばれており，人工物のフォトセンサに相当する。視細胞には，光
の波長すなわち色を感知する錐体と光の明暗を感知する桿体の2種類がある。
錐体の数は約600万個，桿体の方は1億個以上もある[2]。錐体の形は，その名
のとおり円錐状である。これに対して桿体は棒状の形をしている（図9.3の右
側参照）。

視細胞は，光の最小単位である光子（フォトン）レベルの光量を検出するほ

ど高感度である[4]。同時に，晴天時の明るさにも対応可能な広いダイナミックレンジを有している。一方，光の時間変化の追随性は高くない。このことは生活する上では，利点になっている。蛍光灯の光が交流電圧で周期的に変化していることは気にならないし，毎秒24コマで投影される映画も自然な動画として楽しめる。

　色を感知する視細胞である錐体は，青，緑，赤の波長に反応する[5]。つまり，**図**9.4に示すように青，緑，赤の波長を感じやすい3種類の視細胞が存在し，それぞれの視細胞が担当の波長を受光している。この波長の感度特性を見ると，黄色の光は，緑と赤を感知する視細胞が半々で活動している状態と考えることができ，興味深い。

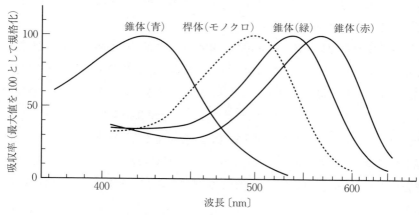

図9.4　視細胞の受光特性（文献4を参考にして作成）

　このように精緻な構造を有する視細胞であるが，眼全体の構造のデザインは，決して優れているとはいえない。というのは，図9.3の右側に描いた錐体の受光部分（直線でハッチングした箇所）は，外光から最も遠い位置にある。つまり，わざわざ視神経の隙間を通して視細胞で受光しているのである。これに対して，われわれよりも下等な生物と見なされているタコは，視細胞が光をダイレクトに受光できるようになっている[6]。少なくとも眼の基本構造に関する限りタコのほうが合理的にできているようである。

〔3〕 側抑制効果によるエッジ検出

　視細胞で捉えた光は，電気信号に変換されて視覚情報が中枢（脳）に送られる。脳では意味のある画像として認識作業が行われるが，その前段階で物体の形状が把握しやすいように輪郭抽出が網膜直下にある一部の神経細胞（水平細胞）で行われている[2]。この輪郭抽出を行うのが神経細胞の側抑制結合である[7]。

　図9.5（a）は，側抑制結合を模式的に示している。丸印が神経細胞に相当するニューロンであり，棒の先端が小さな白丸になっているのが興奮性結合，小さな黒丸が抑制性結合である。入力情報が上側から入ってきたときに，その直下に結合するニューロンへはプラスの値が出力され，両側はマイナスの値が出力される。

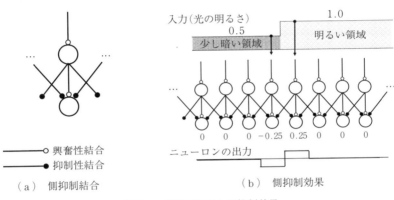

図9.5　側抑制結合と側抑制効果

　このような側抑制結合のニューロンが一列に並んでいる状態を図（b）に示す。このとき，明暗のある光刺激が入力されたときのニューロンの出力を考えよう。この入力刺激に対してニューロンがどう反応するか，具体的な数値を求めるため，例えば直下のニューロンには，入力と同じ値が出力され，両側のニューロンには，入力の半分の負の値が出力されるとしてみよう。この設定でニューロンの出力分布を計算すると，出力のニューロンの下側に示した数字になり，光の明るさが変化する部分のみで出力特性が変わることがわかる。これが側抑制効果であり，物体の輪郭を抽出するのに有効である。このような輪郭

9.3.2 人間の聴覚

聴覚は視覚に次いで重要な感覚である。図9.6は，人間の耳の構造を模式的に描いている。外界からの音は，蝸牛と呼ばれる渦巻き状の器官で捉えられる。また，蝸牛の入口近くにある三半規管で頭部の姿勢を検出することができる。この二つの構造と機能を以下に述べる。

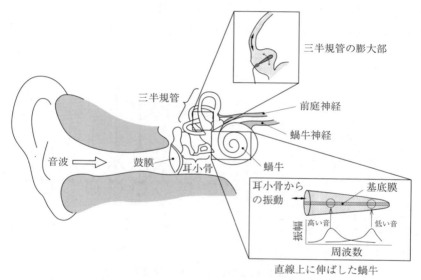

図9.6 人間の耳の構造（文献2, 9を参考に作成）

〔1〕 蝸牛の仕組みと機能

蝸牛は，渦巻き管の構造をしており，音を捉える仕組みは機械的な振動現象を利用している。外界からの音は鼓膜から耳小骨を介して液体が詰まった蝸牛を振動させる。図9.6の右下の図は，蝸牛を直線上に伸ばして基底膜を描いたものである。基底膜は聴覚細胞が一列に並んでいる。その数は約2万個で，視覚細胞の数に比べると少ない[2]。

音波が蝸牛に入ると基底膜で共振が起こる。共振部位は，周波数によって異

なる。基底膜は入口ほど剛性が高い[8]。このため，高い音は入口近くで共振し，低い音は蝸牛の先のほうで共振する。共振している部位では，聴覚細胞が刺激され，電気信号に変換される。この電気信号が脳に伝達されて音の高低が認識される[9]。

聴覚機能を失った人に施される人工内耳手術は，蝸牛の音の検出機構を利用している。小さな電極を複数個，基底膜に沿って埋め込み，基底膜上の聴覚細胞に電気刺激を直接与える。与える電気刺激は，音をリアルタイムで周波数解析した周波数と振幅の信号である。電極の数は20本程度であるので，波長の種類は多くはないが話者の声を認識することができる。

では，人間の声や動物の鳴き声等は，どのように認識されるのであろうか。声はさまざまな周波数の音を含んでおり，刻々と振幅も変化するので，複数の箇所で共振が起こり共振の場所も時間とともに変化する。この時系列に変化する情報が脳に伝わり神経回路網によって声として認識される。

人間の耳は，数十Hzから2万Hzまで聞くことができ，後述する昆虫の聴覚特性と比べれば周波数全域で一様な感度特性がある。このため，われわれはさまざまな音を享受しているといえる。人間の耳の聴覚特性は，**図9.7**に示し

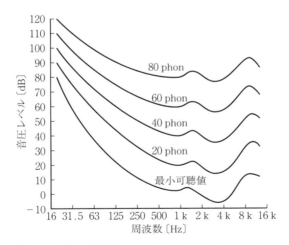

図9.7 人間の聴覚特性（フレッチャーマンソンカーブ）
（文献10を参考にして作成）

たフレッチャーマンソンカーブとして知られている。フレッチャーマンソンカーブとは，いくつかの音の強さ（phon）に対して，周波数ごとに同じ大きさで聞こえる音圧レベル（dB）をグラフ化したものである。これを見ると，低音は概して聞こえにくく，3～4 kHzに聞こえやすい周波数帯があることがわかる。家電製品のピーというお知らせ音は，この周波数を選んでいるといわれている。

〔2〕 三半規管−姿勢検出

三半規管の役割についても触れておこう。三半規管の名前のとおり，図9.6のように円弧状の管が三つ配置された器官である。この管の中には液体が詰まっており，図9.6の右上に示したように膨らんだ部分にうちわ状の感覚器官（頂）が備わっている。三半規管が急に動くと，液体が相対的に動くので，うちわ状の頂が動く。その頂の動きを根元の聴覚細胞がとらえて電気信号に変換する。三半規管はたがいに直交した配置になっているので，三方向の運動をとらえることができる[9]。

9.3.3 人間の触覚

次節以降で述べる昆虫の感覚器と比較するために，触覚に相当する人間の皮膚感覚について簡単にまとめておく。人間の触覚は，皮膚表面に数百万個程度存在するといわれており[9]，視覚や聴覚の感覚細胞の密度に比べると低い。

皮膚感覚は触覚，圧覚，温覚，痛覚からなり，それぞれ異なる感覚器でとらえている（**図9.8**）[9]。これらの感覚器の構造は機械工学的観点からも興味深い。触覚を担当するメルケル小体は，皮膚全体に分布する。パチニー小体は圧覚を

（a）メルケル小体 　（b）パチニー小体 　（c）ルフィニ小体 　（d）自由神経終末
　　（触覚） 　　　　　　（圧覚） 　　　　　　（温覚） 　　　　　　（痛覚）

図9.8 皮膚の感覚器の構造（文献8, 9を参考にして作成）

担当し,タマネギ状の構造になっており,動的な圧迫力に反応する。温覚を担当するルフィニ小体は細長い袋状の構造になっている。このほかに刺激を受容する特別な構造をもたない自由神経終末が皮膚の直下に広く分布する。自由神経終末は,痛みのほかに触覚,圧覚,温覚刺激にも反応する[†]。

図 9.9 はペンフィールドの図(またはペンフィールドのホムンクルス)と呼ばれるもので皮膚の感覚野(図(a))と運動野(図(b))を示している。皮膚感覚が発達しているのは,手の指と顔の唇周辺に集中している。つまり,この部分に感覚器が集中しており,鋭敏に接触情報を取得できる。一方,運動野は脳からの指令が必要な箇所であり,これも手と顔が大きく描かれている。手作業や顔の表情筋を動かすことが脳活動を活発にするのに有効であることがこの図から直感的に理解できる。

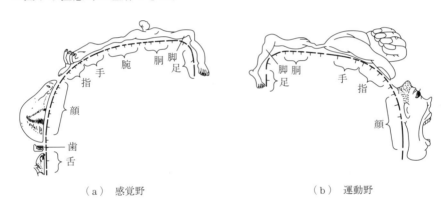

(a) 感覚野　　　　　　　　　　(b) 運動野

図 9.9 ペンフィールドの図(文献 11 を参考にして作成)

9.4 昆虫の感覚器官

昆虫の感覚器官の構造は人間と大きく異なっている。ここでは昆虫の視覚,聴覚,触覚について紹介する。

[†] 専門書によって,それぞれの感覚器が担当する機能が微妙に異なる。本書では,文献 9 の記述に準じた。

9. 生物の感覚器官

9.4.1 昆虫の視覚

昆虫の目は複眼と呼ばれる構造をしている。図 9.10 は、ハエの頭部と眼の拡大図である。複眼は数千個の個眼で構成されている。個眼の上部から届く光（外界情報）は、細い管状の視細胞に届く。この視細胞は、個眼 1 個当り 7 個の視細胞（光受容部）に分かれている[12]。

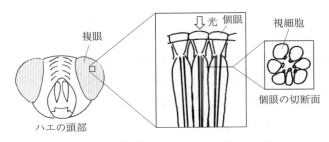

図 9.10　ハエの眼の構造（文献 12 を参考にして作成）

〔1〕 視界情報の取り込み

昆虫の目には視界はどのように見えるのであろうか。もし、個眼ごとに一つの景色を見ていたとしたらどのような像になるだろうか。視細胞は一つの光の情報しか知覚できないので、個眼では 7 個の情報になる。広い視界を七つの光の明暗（または色の濃度）で眺めても物体の認識は困難であろう。この問題はつぎのように説明されている[13]。図 9.11 は、外界からの光がどのように反応

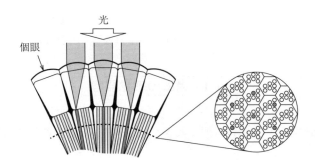

図 9.11　複眼で全体のイメージが見える仕組み
（文献 13 を参考にして作成）

するかを示している．個眼の角度から外れるほど外側の視細胞が反応する．それよりも外れると隣の個眼の視細胞が光を検出する．つまり，個眼でカバーできる視界は狭く，たがいが協力して視野を受け持っていることになる．いわば，パッチワーク的に外界をとらえている．ただし，パッチワーク的に像を構成してみても個眼の数が数千個の規模であるので，高々数万個の情報しか得られない．視覚情報の画素数として見ると高精度とはいえない．

しかしながら昆虫の眼は，少ない視覚情報でも最大限に生かしているのではないかと思わせる構造をしている．図9.12はハエの視覚神経系を示している．複眼から入った視覚情報は脳に伝達される前に神経叢と呼ばれる神経細胞の集まった組織で情報処理されると考えられている．具体的な結合の詳細は解明されていないが，脳に情報が届く前に，神経叢で視覚情報が流れ作業的に信号処理されていると考えられている[14),15)]．

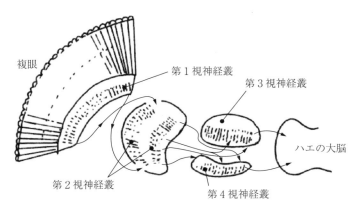

図9.12 ハエの神経系の構造
(神経叢は文献14, 15を参考にして作成)

このような構造を見ると，ディジタル信号処理（digital signal processor, DSP）を連想させる．DSPでは信号処理を流れ作業的に行うため，プログラム型のコンピュータ処理よりも圧倒的に計算が速い．例えばFFT解析は，三角関数を多用した複雑な数値演算であるが，DSPを用いれば実時間処理が可能である．ハエが素早く敵から逃げられるのも，高速な画像情報処理機能を備え

ているためではないだろうか。

〔2〕 個眼の大きさ

昆虫の個眼の大きさについて,光学的観点から興味深い研究があるので紹介する[16),17)]。昆虫の眼は9.4.1項で述べたように個眼の集まりであり,個眼が小さいほど視細胞で作り出される像がより精緻になる。つまり,個眼の大きさが像の解像度を決定する。複眼の表面が球体の一部になっていると仮定し,この球の半径をrとする。個眼の大きさをδとすると像の解像度を決める指標は,個眼が球体に占める角度$\Delta\theta_g$になるので,式(9.4)で表せる。

$$\Delta\theta_g = \frac{\delta}{r} \tag{9.4}$$

この$\Delta\theta_g$の値が小さいほうがきめ細かい像が得られる。複眼の眼の大きさrが同じならばδが小さいほど解像度が高くなるが,光の回折効果という問題が出てくる。つまり,個眼に入る光は非常に細い通路を通ってくるので,回折効果によって曲がりやすく,視細胞に光が届きにくくなるという問題である。**図9.13**は,光の回折の説明図で非常に細いスリットから出るときの様子を示したもので,スリット幅δが小さいほど,また光の波長λが長いほど光は曲がりやすくなる。光が回折効果で曲がる角度$\Delta\theta_d$は式(9.5)のようになる。

$$\Delta\theta_d = \frac{\lambda}{\delta} \tag{9.5}$$

外界情報をよりきめ細かい像として捉えるためには,できるだけ立体角の小

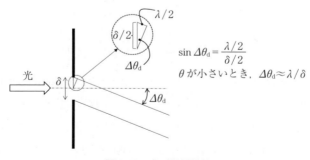

図9.13 光の回折効果

さい視界情報を視細胞に届けたい。しかし，光の取り入れ口を狭くすると回折によって視細胞に光が届かなくなる。これはトレードオフの関係になっており，適度な個眼の大きさが存在すると予想される。これを数式で表現すると式 (9.6) のようになる。

$$\Delta\theta_\mathrm{g} + \Delta\theta_\mathrm{d} = \frac{\delta}{r} + \frac{\lambda}{\delta} \tag{9.6}$$

式の最小値を求めると

$$\delta = \sqrt{\lambda r} \tag{9.7}$$

となる。ミツバチの眼を想定し $r = 3\,\mathrm{mm}$，$\lambda = 400\,\mathrm{nm}$ を代入すると $\delta = 35\,\mathrm{\mu m}$ となる。これは実際の個眼の大きさ $30\,\mathrm{\mu m}$ とよく一致する。

9.4.2 昆虫の聴覚

昆虫も音を捉える仕組みがある。ただし頭部に聴覚器官があるとは限らない。ここではキリギリスの聴覚器官を見てみよう。キリギリスの耳は前脚にある。図 9.14（a）に示すように脚の内部に振動膜があり，膜の付け根に聴覚細胞がある[18]。クチクラと呼ばれる堅い組織に振動板が備わっており，振動板の動きが聴覚細胞を刺激して電気信号に変換される。つまり，空孔から入った音を振動に変換し，振動を電気変換して脳に伝えている。この構造はオーディオ関係で使用されるマイクロフォンの構造に似ていて興味深い。振動膜は両脚に

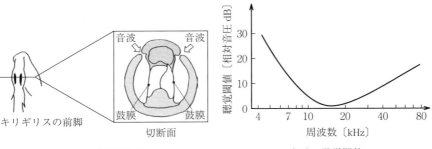

（a）前脚の構造　　　　　　　　　（b）聴覚閾値

図 9.14　キリギリスの耳
　　　（（a）は文献 18，（b）は文献 19 を参考にして作成）

あるので，ステレオ的に音を捉えることが可能である。

つぎに昆虫の聴覚特性を見てみよう。一般に昆虫はある特定の周波数には非常に敏感であるが，それ以外は鈍感である。図 (b) はキリギリスの聴覚特性を示している[19]。これは音の強さとして感じる聴覚閾値を示している。キリギリスの場合は 15 kHz 付近が最も敏感であることがわかる。聴覚閾値は，人間に比べて昆虫では敏感に感じる音の範囲が狭い。つまり必要とする音を弁別的に捉えている。

図 9.15 (a) はジョンストン器官と呼ばれる蚊の触覚構造を示している[18]。外界からの気流や音は細い毛が振動することで感知される。毛の根元は薄い板状の構造で感覚細胞が密集しており，毛の振動はここで電気信号に変換される。この感覚器で 500 Hz 程度の音を鋭敏に感知する[18]。昆虫の感覚器は，殻構造で構成されているため，人工的なセンサと類似するところがある。ジョンストン器官は，図 (b) に示す工業製品の 6 軸力センサ（ダイヤフラム形ロードセル）の構造を連想させる。

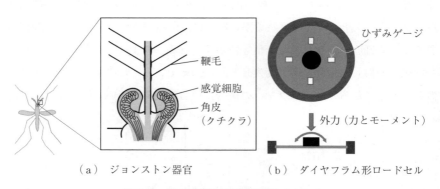

(a) ジョンストン器官　　　(b) ダイヤフラム形ロードセル

図 9.15 蚊の触覚構造と工業製品のセンサ
((a) は文献 18 を参考にして作成)

| 植物の七不思議 | その7：隣り合う樹木 |

　木と木が接近して生えていたら，枝や葉はどのようになるだろうか。図 (a) は，3本の木が寄り添うように生えた光景であるが，それを拡大した図 (b) のように内側の幹には枝がほとんど生えていないことに気づく。剪定された痕跡もないので，内側では枝の発達が抑制されたと考えられる。どのような機序で枝が生えなくなるのか不思議である。いろいろな可能性が考えられるが，太陽光の影響が第一に挙げられると思う。しかし疑問な点もある。内側の幹には光が少しも届かないのだろうか。光の影響であるとしても非線形的な効果があるのかもしれない。

（a）全体図

（b）拡大図

図　寄り添うように生えた木

演 習 問 題

【9.1】　光束が距離の2乗に反比例することを説明しなさい。

【9.2】　1 cd の光源（光の波長 555 nm）を 1 m 離れた場所で見ているとする。瞳に入る光のパワーを求めなさい。瞳の大きさは直径 8 mm とする[†]。

[†]　【9.2】，【9.3】，【9.4】は文献20の記載内容を参考にして問題を作成した。

【9.3】 【9.2】の設問で瞳に入る光子の数を求めなさい。

【9.4】 鼓膜に入る可聴な最小音圧のパワーを求めなさい。鼓膜の面積は $1\,\mathrm{cm}^2$ とする。また，このパワーは光子に換算すると毎秒何個分に相当するか計算してみよう。

【9.5】 9.5.2項で紹介した個眼の大きさを決めるときのトレードオフ関係の式は，少し議論の余地がある。それは何か考えてみよう。

【9.6】 入力分布が**問図 9.1** のように与えられた場合，側抑制結合でどのような出力分布になるか示しなさい。側抑制効果は本文中と同じとする。

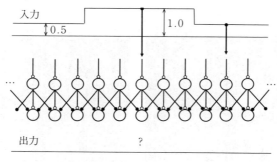

問図 9.1

引用・参考文献

1) 小林茂夫：脳が作る感覚世界，コロナ社（2006）（副題が −生体にセンサーはない− となっている。感覚器の特性と感覚が生じる仕組みが解説されている）

2) K. E. Barret, S. M. Barman, S. Boitano and H. L. Brooks: Ganong's Review of Medical Physiology (25th edition), McGraw-Hill Education (2016)

3) B. K Pierscionek, A. Belaidi and H. H. Bruun: Refractive Index Distribution in the Porcine Eye Lens for 532 nm and 633 nm Light, Eye, Vol.**19**, pp.375–381 (2005)

4) D. A. Baylor, T. D. Lamb and K. -W. Yau: Responses of Retinal Rods to Single Photons, Journal of Physiology, Vol.**288**, pp.613–634 (1979)

5) J. K. Bowmaker and H. J. A. Dartnall: Visual Pigments of Rods and Cones in a Human Retina, Journal of Physiology, Vol.**298**, pp.501–11 (1980)

6) 養老孟司：形を読む，培風館，pp.77-81 (1986)

7) K. Schmidt-Nielsen: Animal Physiology (3rd edition), Cambridge University Press (1983) （わかりやすく説明されている生理学の参考書。側抑制結合の表し方（記号）

引 用 ・ 参 考 文 献　　137

は少し異なる）

8) D. Sadava, D. M. Hills, H. G. Heller and M. R. Berenbaum: Life（10th edition），Macmillan（2014）（1 200 ページを超える生物学の教科書でイラストがわかりやすい）

9) 樋渡涓二：感覚と工学（ライフエンジニアリング・サイエンス講座 3），共立出版（1976）

10) Y. Suzuki and H. Takeshima: Equal-Loudness-Level Contours for Pure Tones, J.Acoust.Soc.Am., Vol.**116**, No.2, pp.918-933（2004）（フレッチャーマンソン曲線）

11) W. ペンフィールド，T. ラスミュッセン 著，岩本隆茂，中原淳一，西里静彦 訳：脳の機能と行動，福村出版（1986）（原著は The cerebral cortex of man（1950））

12) 日本動物学会 編：光感覚（現代動物学の課題 3），東京大学出版会（1975）

13) D. E. Nilson: Vision Optics and Evolution, BioScience, Vol.**39**, No.5, pp.298-307（1989）

14) 清水嘉重郎 編：生物の目とセンサ，情報調査会（1985）

15) J. K. Douglass and N. J. Strausfeld: Visual Motion-Detection Circuits in Flies: Parallel Direction-and Non-Direction-Sensitive Pathways between the Medulla and Lobula Plate, The Journal of Neuroscience, Vol.**16**, pp.4551-4562（1996）

16) H. B. Barlow: The Size of Ommatidia in Apposition Eyes, Journal of Experimental Biology, Vol.**29**, pp.667-674（1952）（個眼の大きさに関する最初の論文。光の回折効果は，天体望遠鏡の性能を議論する際の公式を用いており，$\theta = 1.22\lambda/\delta$ となっている。本書と係数が少し異なるが基本的な考え方は同じである）

17) R. P. Feynman, R. B. Leighton and M. Sands: Lectures on Physics Vol.**1**, Addison-Wesley Publishing Company（1977）（物理学の教科書であるが，興味深いトピックスも紹介されている。個眼の大きさの記述はこの本を参考にした）

18) 立田栄光：昆虫の感覚，東京大学出版会（1975）

19) J. Schul and A. C. Patterson: What Determines the Tuning of Hearing Organs and the Frequency of Calls? A Comparative Study in the Katydid Genus *Neoconocephalus*（Orthoptera, Tettigoniidae），Journal of Experimental Biology, Vol.**206**, pp.141-152（2003）

20) H. J. Metcalf 著，三重大学バイオメカ研究グループ 訳：技術者のためのバイオフィジックス入門，コロナ社（1985）（原著は Topics in Classical Biophysics（1980））

21) 国立天文台 編：理科年表 第 91 冊，丸善出版（2017）（「さまざまな音のレベル」を参照）

10. 個体数の増減

　生物の個体数の予測は，生態環境を議論する上で重要な課題であり，それを予測するための種々の数理モデルが提案されている。本章では，生物の個体数の増減に関する基本的な数理モデルを扱う。まず，1種類の生物の増減を表現する数理モデルを紹介し，その挙動を説明する。つぎに2種類の生物の個体数の増減を表現可能な数理モデルについて述べる。

10.1　1種類の生物の増減を表すモデル（ロジスティック方程式）[1]

　イギリスの経済学者，マルサス（Malthus）は1798年に人口論（An essay on the principle of population）を著した。彼はその著書の中で食料の供給は算術級数的に増加するが，人口は幾何級数的に増加するので，いずれ人口過剰が必然的に起こることを指摘した。そして，人口過剰による破綻を回避するためには人口抑制が必要であると主張した。

　マルサスの提起した人口増加と抑制の原理は，これから紹介する数理モデルと関わりが深い。まず，彼が指摘した抑制のない場合の人口増加を数理モデルで表してみよう。人口増加の仕方に関する数学的表現は，「人口の増加率は現時点での人口の数に比例する」であり，式（10.1）のような微分方程式となる。

$$\frac{dN}{dt} = \alpha N \tag{10.1}$$

ここで，N：時刻tにおける人口，α：正の定数である。この微分方程式の解は式（10.2）のようになる。

$$N = N_0 e^{-\alpha t} \tag{10.2}$$

10.1 1種類の生物の増減を表すモデル（ロジスティック方程式）

ここで，N_0 は初期値である。当然のことではあるが初期値がゼロでは人口は増加しないので，$N_0 > 0$ でなければならない。食料の供給量は比例的な増加，人口は指数的な増加なので両者は，**図 10.1** のようになる。人口が少ないときは食料の供給量が上回っていても，人口増加によっていずれは食料の供給不足に陥ることを示している。つまり，この逆転現象を起こさせないためには人口抑制策が必要ということになる。

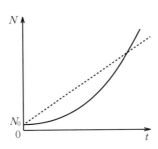

図 10.1 マルサスの人口論に基づく増加のグラフ
（破線：食料，実線：人口）

マルサスは人口抑制の必要性を説いているが，数理的な検討は行っていない。人口抑制に相当する数理表現は，人口論が発表されてから 40 年後に数学者ベルハルスト（F. P. Verhulst）が提案している。彼が提案した数理モデルは，式 (10.1) の右辺に人口増加を抑制する項を加えた式 (10.3) の微分方程式になっている。

$$\frac{dN}{dt} = \alpha N - \frac{\alpha N^2}{K} = \alpha N \frac{K-N}{K} \tag{10.3}$$

ここで，K は正の定数である。この式は，**ロジスティック方程式**（logistic equation）と呼ばれており，解析解は式 (10.4) のようになる。

$$N(t) = \frac{K N_0 e^{\alpha t}}{N_0 e^{\alpha t} + K - N_0} \tag{10.4}$$

この解析解は，**ロジスティック関数**（logistic function）と呼ばれており，**図 10.2** のような**ロジスティック曲線**（logistic curve）になる。式 (10.4) からも

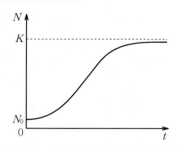

図 10.2 シグモイド曲線（S字曲線）

わかるように十分に時間が経過した後では，人口 N は K に落ち着く．ロジスティック曲線は，その曲線形状から**シグモイド曲線**（sigmoid curve）あるいはS字曲線とも呼ばれ，人口以外でも生物の成長過程を議論するのにも利用されている．

ロジスティック方程式は，もとを正せば人口の増え方を議論する数理モデルであるが，今も増え続ける世界人口についてはうまくフィットしない．これは種々の要因によって人口が左右されるため，単純な抑制効果の式ではうまく表現できないためである．ただし，微生物については，個体数の変化をうまく表現できることが知られている．特にビーカー内のように生活空間の限られた環境の中での微生物の増え方は，シグモイド曲線に近くなる[†]．

式（10.4）のロジスティック関数は連続的な時間で表現されているが，生物の世代交代は有限の時間で行われている．酵母のような微生物の増加は世代交代が短いので，関数形によく一致するが，生物が大きくなると世代交代の時間の影響が出てくる．じつは，昆虫レベルの小動物でも，式（10.3）のロジスティック方程式とは異なる挙動が見られることが知られている．

内田は，豆を食べる害虫，ヨツモンマメゾウムシを飼育し，世代毎の個体数を調べたところ，**図10.3**のように振動的に増減しながら一定数に落ち着くことを発見した[2]．昆虫では微生物よりも世代交代が長く，産卵時期が決まっているので増減が同期的になるためと考えられる．この現象は，ロジスティック

[†] どのくらい一致するかは本章の演習問題【10.1】で調べてみよう．

10.2 差分化されたロジスティック方程式の挙動

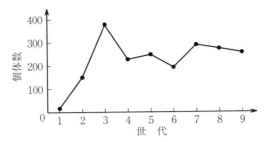

図 10.3 ヨツモンマメゾウムシの個体数の増減
（文献 2 の表 1 から作成）

方程式を差分化して解くことにより，振動的な現象が説明できる[3]。この差分化した方程式の挙動は，非常に興味深いので以下に紹介する。

10.2 差分化されたロジスティック方程式の挙動[1]

ロジスティック方程式の性質は，差分化された形で議論されることが多い。式 (10.3) を Δt で差分化すると，式 (10.5) のようになる。

$$\frac{N(t+\Delta t) - N(t)}{\Delta t} = \alpha N(t) - \frac{\alpha}{K}\{N(t)\}^2 = \alpha \frac{\{K - N(t)\}}{K} N(t) \tag{10.5}$$

ここで，$N(n\Delta t) = N_n$ とおくと

$$N_{n+1} = \left\{ (1 + \alpha \Delta t) - \frac{\alpha \Delta t}{K} N_n \right\} N_n \tag{10.6}$$

となる。さらに

$$x_n = \frac{\alpha \Delta t N_n}{K(1 + \alpha \Delta t)}, \quad a = (1 + \alpha \Delta t) \tag{10.7}$$

とおくと

$$x_{n+1} = a(1 - x_n) x_n \tag{10.8}$$

となる。これが離散化されたロジスティック方程式である。この式は，離散力学系とも呼ばれている。その理由は，ニュートン力学の現象は初期値が与えられると，それ以降の挙動は決められた計算手順で確定的に求まると認識されて

おり，式 (10.8) でも現在の時刻 n からつぎの時刻 $n+1$ を求める計算手順は，本質的に同じだからである．なお，x_n は負では意味がないので $0 \leq x_n \leq 1$ である．このため a についても $0 \leq a \leq 4$ の範囲となる．

離散化されたロジスティック方程式は，パラメータ a の値によってさまざまな挙動を示すことが知られており，x_n の増減の仕方はつぎのように分類されている．

① $0 \leq a \leq 1.0$： 　　　　　単調減少して 0 に収束
② $1.0 < a \leq 2.0$： 　　　　　単調減少して一定値 $(1-1/a)$ に収束
③ $2.0 < a \leq 3.0$： 　　　　　減衰振動して一定値 $(1-1/a)$ に収束
④ $3.0 < a \leq 1+\sqrt{6}$： 　　周期 2 の振動
⑤ $1+\sqrt{6} < a < a_c \fallingdotseq 3.57$： さまざまな周期の振動
⑥ $a_c < a \leq 4.0$： 　　　　　カオス状態

例えば，$a=3.2$，$x_0=0.15$ の場合の増減グラフを**図 10.4** に示しておく．十分時間が経過しても x_n は，二つの値を周期的に取る挙動となる．このような増減グラフは簡単に求めることができるので，各自で確認しよう（演習問題【10.2】）．

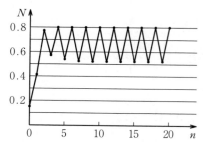

図 10.4 ロジスティック方程式のシミュレーション
（$a=3.2$，$x_0=0.15$ の場合）

増減グラフと関連して図形的に式の挙動を直感的に把握する方法があるので紹介する．これは**反復写像**（cobwebbing method）と呼ばれる描画法である．反復写像は横軸に x_n，縦軸に x_{n+1} をとって二つの変数の変化を平面的に表す

10.2 差分化されたロジスティック方程式の挙動

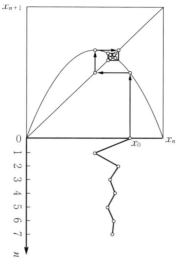

図 10.5 反復写像

方法である．反復写像と x_n の増減の関係を比較するために ③ の条件の場合を例にとって**図 10.5** を用いて説明する．

　放物線と直線のグラフから点列を以下のように求めていく．まず，初期値 x_0 から垂直に線を伸ばして放物線との交点を求める．次に水平方向に伸ばして直線との交点を求める．これが x_1 となる．この交点から再び垂直方向に線を伸ばして放物線との交点を求め，さらに水平方向に伸ばして直線との交点を求めるとつぎの点 x_2 が得られる．初期値 x_0 以外は，プロット点が直線と放物線の交点になっていることがわかると思う．つまり，この図形操作でプロット点を求めることが式 (10.8) の数値計算を行うことに相当している．反復写像はその名の通り，クモの巣状に点列ができ，収束の様子が一目でわかる利点がある．

10.3 2種類の生物の増減を表すモデル（Lotka-Volterra 方程式）

2種類の個体数の増減として **Lotka-Volterra 方程式**（Lotka-Volterra equation）がある。この方程式は，振動的な現象を伴う化学反応系や生態環境を議論するときに有用である[4),5)]。Lotka-Volterra 方程式の典型的な適用例を以下に紹介しよう。**図 10.6** は，毛皮商を営む会社の統計的な資料で，ヤマネコとウサギの毛皮の入荷量をグラフにしている[6)]。ヤマネコとウサギの数は位相がずれた形で周期的に増減している様子が見て取れる。これは両者が補食関係にあるために生じた現象といえる。

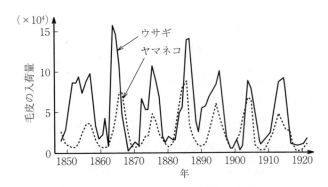

図 10.6 ヤマネコとウサギの毛皮の入荷量
（文献 6 を参考にして作成）[†]

Lotka-Volterra 方程式は，このような2種類の生物が周期的に増減する現象を説明する数理モデルであり，式 (10.9)，(10.10) のような微分方程式である。

$$\frac{dX}{dt} = aX - bXY \tag{10.9}$$

[†] グラフ作成の元になった原著論文では，太陽活動（黒点数）に対するヤマネコとウサギの変化が別々のグラフになっている。この二つを太陽活動の時期を基準に一緒にした。理屈からいえばウサギが増加し始めてからヤマネコが増加するはずであるが，グラフではそう見えない箇所も出ている。これは，生態系の頭数を調べたのではなく毛皮の入荷量で調査したことが起因していると思われる。

$$\frac{dY}{dt} = -cY + dXY \tag{10.10}$$

係数 a, b, c, d は正の値である。ヤマネコとウサギの例を上式に対応させると，個体数の増減について以下のような条件を設定していることになる[7]。

① ヤマネコがいなければ，ウサギの数 X は際限なく増える。

（①′ ウサギが食べる草は十分補給される）

② ヤマネコの数 Y はウサギの生存数に依存する。

（②′ ウサギがいないとヤマネコは一定の割合で減少する）

③ ヤマネコの数の増減は，ウサギとの遭遇に依存する。

④ ヤマネコの増加率は捉えたウサギの量に比例する。

（④′ ウサギの減少率はヤマネコに捉えられた量に比例する）

まず，条件 ① および ①′ により，ヤマネコの餌食にならなければウサギの個体数は１種類の個体数の増加に相当する。これが式 (10.9) の右辺第１項に相当する。一方，ヤマネコは自然死する状況を想定しており，条件 ②′ が式 (10.10) の右辺第１項で表現されている。さて，ヤマネコはウサギと遭遇すれば捕食して個体数が増加する。この増加は条件 ②，③，④ より式 (10.10) の右辺第２項で表している。一方，ウサギは条件 ④′ に従って減少する。この減少は式 (10.9) の右辺第２項で表している。なお，ウサギの自然死は捕食される運命なので式には入っていない。

10.4 Lotka-Volterra 方程式の挙動

Lotka-Volterra 方程式は，解析的には解くことができない。コンピュータを使ってシミュレーションすることになるが，この方程式の基本的な特徴を把握しておくことは重要である。これには**図 10.7** に示す定常状態付近（平衡点近傍ともいう）の挙動を調べることが行われる。

まず，この方法について説明する。Lotka-Volterra 方程式のような連立した非線形微分方程式は，式 (10.11)，(10.12) のように書ける。

10. 個体数の増減

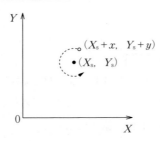

図 10.7 平衡点近傍での解析

$$\frac{dX}{dt} = F(X, Y) \tag{10.11}$$

$$\frac{dY}{dt} = G(X, Y) \tag{10.12}$$

この方程式において，X, Y が時間的に変化しない定常状態 (X_s, Y_s) が存在するとする。そして，ここからほんの少し離れた場所でどのように X, Y が振る舞うかを調べることにする。定常状態では X, Y の時間微分が 0 であるので，両式を 0 とおいて解いてみると定常解が求められる。つまり，この点が定常状態になる。

定常解よりほんの少し離れた X と Y の状態は式 (10.13)，(10.14) のように表せる。

$$X = X_s + x \tag{10.13}$$

$$Y = Y_s + y \tag{10.14}$$

これを式 (10.11)，(10.12) に代入して，(X_s, Y_s) を基準してテーラー展開すると式 (10.15)，(10.16) のようになる。

$$\frac{dx}{dt} = F(X_s + x, Y_s + y) = F_x(X_s, Y_s)x + F_y(X_s, Y_s)y + \cdots \tag{10.15}$$

$$\frac{dy}{dt} = G(X_s + x, Y_s + y) = G_x(X_s, Y_s)x + G_y(X_s, Y_s)y + \cdots \tag{10.16}$$

右辺第 3 項以降は高次の項なので，変数 x, y が小さければ無視できる。第 2 項まで採用すると，式 (10.17) のように線形関係で表せる。

$$\frac{d}{dt}\begin{pmatrix} x \\ y \end{pmatrix} = J\begin{pmatrix} x \\ y \end{pmatrix} \qquad J = \begin{pmatrix} F_x & F_y \\ G_x & G_y \end{pmatrix}_{(X_s, Y_s)} \qquad (10.17)$$

ここで，式中の行列 J をヤコビ行列という。

以上の線形化手法を Lotka-Volterra 方程式に適用してみる。まず定常解は式 (10.18) のように得られる。

$$(X_s, Y_s) = (0, 0), \qquad (X_s, Y_s) = \left(\frac{c}{d}, \frac{a}{b}\right) \qquad (10.18)$$

前者の定常解は，両方の個体数が 0 なので意味のない解である。後者の定常解よりヤコビ行列 J を求めると

$$J = \begin{pmatrix} 0 & \dfrac{-bc}{d} \\ \dfrac{ad}{b} & 0 \end{pmatrix} \qquad (10.19)$$

となる。ヤコビ行列 J の固有値 λ を求めると

$$\lambda = \pm\sqrt{ac}\,i \qquad (10.20)$$

となる。これは変数 x, y が角周波数 $\sqrt{ac}$ で周期運動を行っていることを意味する。確認のため線形化された微分方程式を求めてみると，式 (10.21)，(10.22) のようになる。

$$\frac{d^2x}{dt^2} + acx = 0 \qquad (10.21)$$

$$\frac{d^2y}{dt^2} + acy = 0 \qquad (10.22)$$

これらの微分方程式からも角周波数が $\sqrt{ac}$ となることが確認でき，また粘性項が入っていないこともわかる。このことは重要で，定常解から少しでもずれると定常状態には戻らず，周期運動を繰り返す性質があることを意味する。

10.5 Lotka-Volterra 方程式の数値計算

Lotka-Volterra 方程式における平衡点から離れた変数の挙動を調べるには数値解析が必要である．これには微分方程式を離散化して表し，変数 X, Y の初期値 (X_0, Y_0) を与えて式 (10.23)，(10.24) の逐次計算で行う．

$$X_{n+1} = X_n + \Delta X_n \tag{10.23}$$

$$Y_{n+1} = Y_n + \Delta Y_n \tag{10.24}$$

ここで，ΔX_n, ΔY_n は時刻 n での増分量である．この増分量は，式 (10.11)，(10.12) から式 (10.25)，(10.26) のように求められる．

$$\Delta X_n = F(X_n, Y_n)\Delta t \tag{10.25}$$

$$\Delta Y_n = G(X_n, Y_n)\Delta t \tag{10.26}$$

この計算方法で求めたシミュレーション結果の一例を図 10.8 に示す ($a = 1.0$, $b = 0.1$, $c = 1.2$, $d = 0.1$, $\Delta t = 0.01$ とし，ウサギとヤマネコの個体数の初期値を $X = 10$, $Y = 5$ とした)．この数値計算は計算精度が高くないので，時間刻みを小さくしても周期的な状態が完全に一致せず，次第に発散する．この問題はルンゲクッタ法に代表される高精度の数値計算手法を用いれば改善される．ただし，生物の個体数の増減の特徴を議論するだけならば上述の方法で十分である．

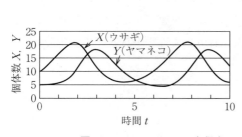
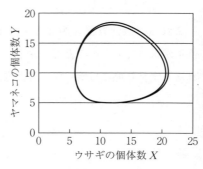

図 10.8　Lotka-Volterra 方程式のシミュレーション例
(初期値：ウサギの個体数 $X = 10$, ヤマネコの個体数 $Y = 5$)

演　習　問　題

【10.1】 問表 10.1 は文献 1 のビーカー内の酵母菌の数を示している[8]。グラフに描いてシグモイド曲線と比較してどの程度一致するか調べてみよう。

問表 10.1　ビーカー内の酵母菌

経過時間〔hour〕	酵母菌の数〔×1 000 / cc〕
0	9.6
1	18.3
2	29
3	47.2
4	71.1
5	119.1
6	174.6
7	257.3
8	350.7
9	441
10	513.3
11	559.7
12	594.8
13	629.4
14	640.8
15	651.1
16	655.9
17	659.6
18	661.8

【10.2】 10.2 節で紹介したロジスティック方程式で a の値を変えて x_n の変化の様子をコンピュータシミュレーションで確認してみよう。

【10.3】 【10.2】のシミュレーションで十分に時間が経過したとき（n が十分大きい時点）の x_n の値を調べてみよう。パラメータ a の範囲として 10.3 節で分類した ① の場合は 0，② と ③ では一つの値（$1-1/a$），④ では二つの値，⑤ と ⑥ ではさまざまな値が得られる。横軸を a にとり，これらの値を縦軸にプロットしたときのグラフを描くと**問図 10.1** のようなグラフが描けることを確認しよう。パラ

150　10. 個体数の増減

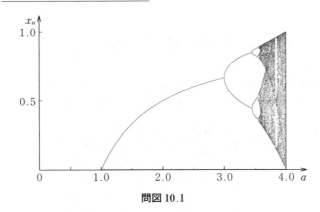

問図 10.1

メータ a に対して x_n の収束状態を鳥瞰図的に見ることができる．これはロジスティック写像の分岐図と呼ばれており，フラクタル構造も含まれている．分岐図の一部分を拡大表示させるプログラムを作り，相似的な分布になっていることを確認してみよう．

【10.4】 Lotka-Volterra 方程式を使って生態系管理の議論をすることができる．**問図 10.2** は，捕食者（ヤマネコ）が多くなったので，意図的にヤマネコの数を急に減らした状況（A→B）を示している．この後の挙動をシミュレーションしなさい．式 (10.21)，(10.22) の係数は，例えば $a=2.0$, $b=0.1$, $c=1.0$, $d=0.1$ としてみよう．数値シミュレーションを工夫すると，意図的な介在が生態系管理の失敗（絶滅）につながることも示すことができる．これも試してみよう．

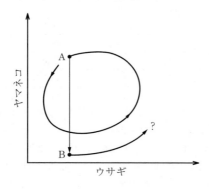

問図 10.2

引用・参考文献

1) 山口昌哉：カオスとフラクタル，講談社（1986）（ロジスティック方程式とその挙動についてわかりやすく書かれている）

2) S. Utida: Interspecific Competition Between Two Species of Bean Weevil, Ecology, Vol.**34**, No.2, pp.301-307（1953）

3) H. Fujita and S. Utida: The Effect of Population Density on the Growth of an Animal Population, Ecology, Vol.**34**, No.3, pp.488-498（1953）（個体数が変動する理論）

4) A. J. Lotka: Contribution to the Theory of Periodic Reaction, J.Phys.Chem., Vol.**14** No.3, pp.271-274（1910）（化学物質の周期的な濃度変化を解明した論文）

5) V. Volterra: Variations and Fluctuations of the Number of Individuals in Animal Species Living Together in Animal Ecology, Chapman, R. N. (ed.), McGraw-Hill, （1931）（原著はイタリア語で1926年に出版されている。魚の数の変動を説明するために提案された）

6) D. A. Maclulich: Fluctuations in the Numbers of the Varying Hare（Lepus Americanus）, University of Toronto Studies Biological Series No.43, pp.5-136 （1937）

7) L. Edelstein-Keshet: Mathematical Models in Biology, Random House（1988）（さまざまな生体数理モデルが手際よくまとめられている）

8) T. Carlson: Uber Geschwindigkeit und Grösse der Hefevermehrung in Würze, Biochem.Z., Vol.**57**, pp.313-334（1913）

9) J. Gleick: Chaos, Making a new science, pp.59-80, Viking Penguin（1988）（カオス全般について一般読者向けに書かれた啓蒙書。数式はほとんどないが学問の発展に貢献する研究者のエピソードが紹介されている）

10) J. M. T. トムソン 著，吉澤修治ほか 訳：不安定性とカタストロフ，産業図書 （1985）（生態系管理の話題が紹介されている）

11. 生物の形づくり

これまでの章で見てきたように、生物には目的に適った仕組み（合目的性）があることをさまざまな事例で確認してきた。これらは生物を構成する部分に注目して明らかになったものもあれば、生物全体の挙動から明らかになったこともある。この二つの方向（部分と全体）から生物を研究する方法を**分析と総合**（analysis and synthesis）と呼んでいる[1]。生物を機械工学的な観点から調べるには、物事を分解して調べるだけでなく、全体として発揮する機能にも注意を払うことが重要である。特に「総合」の考え方は、工学分野でも重要な視点であり、生物がよい手本になる。ただし、目的意識を強く持って生物を調べるよりも生物の不思議さを楽しむほうが、素直に問題解決の糸口が見つかる気がする。

本書の最終章として、生物の形づくりに触発されて生まれた数理モデルをいくつか紹介しよう。このおもしろさを味わうには遺伝情報に関する知識が多少はあったほうがよいと思うので、11.1 節で概説する。

11.1 タンパク質の生成

生物は水分が8割を占めており、つぎに多いのがタンパク質である。つまり生物の実質的な主成分はタンパク質といえる。このタンパク質を生成する設計図が遺伝子である。タンパク質は、20種類のアミノ酸から構成されており、アミノ酸の配列でタンパク質の特性が変化する。つまり、所定のアミノ酸の配列をつくり出すことが生物の形づくりにつながる。

ご存じのように DNA の二重らせん構造はワトソンとクリックによって 1953 年に解明された。この遺伝子構造の解明後に、クリックは**図 11.1（a）**のよう

11.1 タンパク質の生成　153

複製 DNA →転写 RNA →翻訳 タンパク質　　　複製 DNA ⇄転写/逆転写 RNA →翻訳 タンパク質

（a）　最初に提唱された概念　　　　　　（b）　逆転写の追加

図 11.1　セントラルドグマ

な遺伝子からタンパク質が生成されるセントラルドグマの概念を提唱した。これは，遺伝子情報からタンパク質生成へ流れが一方向であり，逆の流れはないという主張である。その後，逆転写酵素の発見により（b）のように一部修正されたが，タンパク質から RNA への流れは発見されていない[2]。この一方向の流れは，個体で獲得した形質は子に遺伝しないというダーウィンの進化論に対応している。

　生物の形づくりは，所定のアミノ酸が設計図どおりに配列してタンパク質をつくり出す作業である。アミノ酸の配列情報は DNA として保存されており，タンパク質を合成する段階で RNA に転写されて利用される。特定のアミノ酸は，三つの遺伝情報の組（これをコドンと呼ぶ）で判別される。遺伝情報は A（アデニン），U（ウラシル），C（シトシン），G（グアニン）の 4 種類である。これらが一列に並んだ状態が塩基配列であり，4 種類のうち，三つの順列が一種類のアミノ酸に対応づけられる。

　表 11.1 は，コドンと特定のアミノ酸の対応関係を示している。組み合わせ数としては 64 種類になるが，異なる順列でも同じアミノ酸に対応するものが複数個あるので，20 個のアミノ酸に対応する形になっている。興味深いのはアミノ酸と対応しないコドンが用意されていることである。これはタンパク質合成作業の開始と終了を指定するのに利用されている。

　タンパク質の合成は，リボソームと呼ばれる細胞内で行われる。**図 11.2** は，タンパク質が合成される様子を示している。合成しようとするタンパク質の情報は，mRNA（伝令 RNA）に記録されており，塩基配列はコドン単位で解読されて，アミノ酸が順次結合していく。この結合は tRNA（運搬 RNA）が担当する。mRNA 上のコドンに対応するアミノ酸を tRNA が運んできて，リボソー

表 11.1 遺伝コード[2] (コドンの種類がアミノ酸に対応)

最初の塩基		2番目の塩基								3番目の塩基
		U		C		A		G		
U	UUU	フェニルアラニン	UCU	セリン	UAU	チロシン	UGU	システイン	U	
	UUC		UCC		UAC		UGC		C	
	UUA	ロイシン	UCA		UAA	(対応なし)	UGA	(対応なし)	A	
	UUG		UCG		UAG		UGG	トリプトファン	G	
C	CUU	ロイシン	CCU	プロリン	CAU	ヒスチジン	CGU	アルギニン	U	
	CUC		CCC		CAC		CGC		C	
	CUA		CCA		CAA	グルタミン	CGA		A	
	CUG		CCG		CAG		CGG		G	
A	AUU	イソロイシン	ACU	スレオニン	AAU	アスパラギン	AGU	セリン	U	
	AUC		ACC		AAC		AGC		C	
	AUA		ACA		AAA	リジン	AGA	アルギニン	A	
	AUG	メチオニン	ACG		AAG		AGG		G	
G	GUU	バリン	GCU	アラニン	GAU	アスパラギン酸	GGU	グリシン	U	
	GUC		GCC		GAC		GGC		C	
	GUA		GCA		GAA	グルタミン酸	GGA		A	
	GUG		GCG		GAG		GGG		G	

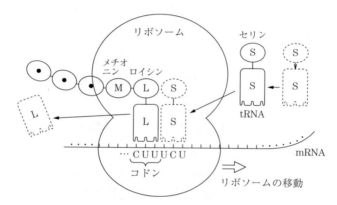

図 11.2 タンパク質の生成
(文献2を参考にして作成)

ム内でアミノ酸が mRNA の設計図通りに鎖状に結合していく。つまり，コドンに対応するアミノ酸はリボソーム内で生産されるのではなく，目的とするアミノ酸が部品として運ばれてきて，ここで組み立てられる。いわば自動車工場の生産ラインのように必要な部品がつぎつぎと供給されて，指示書どおりに機械が組み立てられるイメージである。

11.2 チューリングとノイマン

　数理的な視点で生物の形づくりに関わった代表的な人物として，チューリング（A. Turing）とノイマン（J. Neumann）が挙げられる。

　チューリングは，チューリングマシンの提唱者として知られる。彼は，自動的に計算を行う機械の概念を 1936 年に考案している。これは今日の計算機の概念とは異なるが，発想が独特で計算過程に生物的な雰囲気がある。また，チューリングはシマウマやヒョウの体表の縞模様を理論的に説明したことでも知られている。

　一方，ノイマンは自己複製する機械について理論的に研究し，その発想がセルオートマトンの研究につながっている。

　二人の研究の一端を紹介しよう。

11.2.1　チューリングマシン[3]

　図 11.3 は，**チューリングマシン**（Turing machine）と呼ばれる概念図である。このマシンは情報を記録できる長いテープと情報を読み書きできる移動機械で構成されており，以下の基本機能がある。

- 移動機械は，テープを構成する箱（セル）に 1，0 の情報を保存できる。
- 機械は 1 セル分だけ右または左に移動して読み書きを行う。
- 機械の行動は機械の内部状態とセルの情報で決定される。
- 機械の行動を決める表（アルゴリズム）でさまざまな演算を行う。

　上記の機能だけで何ができるのか，疑問に思ってしまうが実は四則演算ができてしまう。ただし，計算のやり方は独特である。ここではチューリングマシ

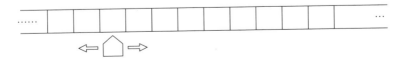

図 11.3　チューリングマシン

ンの簡単な例題としてパリティチェックの計算方法を紹介する[3]。

パリティチェックとは，機械が検査する範囲内でセルの中の1の個数が奇数か偶数かを判定する機能である。この機能を実現するには数値処理を行うアルゴリズムが必要で，通常のコンピュータではフローチャートに従って計算が実行される。しかし，チューリングマシンでは，アルゴリズムは移動機械の行動を決める**表11.2**のような動作表で表現される。

表11.2 パリティチェックを行う動作表

現在の状態	読む	新しい状態	書く	移動の向き
Q_0	0	Q_0	0	R（右に移動）
Q_0	1	Q_1	0	R（右に移動）
Q_1	0	Q_1	0	R（右に移動）
Q_1	1	Q_0	0	R（右に移動）
Q_0	E	H（停止）	0	—
Q_1	E	H（停止）	1	—

この動作表に従ってパリティチェックの問題を考えてみる。まず，**図11.4**の移動機械が検査領域内の最初の位置に配置しており，移動機械の初期状態がQ_0であるとする。このとき，機械はセルから1の情報を読み込むので，動作表2行目に従って機械の状態はQ_1になり，セルに0を書き込み，移動機械は右に一つ移動する。

図11.4 パリティチェックの例題

同様の操作をつぎつぎに行い，検査領域最後のセルに移動した状態が**図11.5**の上段である。最後のセルの情報を読み込む前に移動機械の状態がQ_0であるとする。すると動作表の2行目に従って，セルの情報を読み込んで移動機械の状態はQ_1になり，セルに0を書き込んでから移動機械は右へ一つ移動し

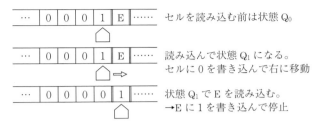

図 11.5 パリティチェックの出力

て領域外のセルの隣に到達する．この状態が図 11.5 の中段である．領域外のセルには，検査区間外の標識（E）が書き込まれており，これを移動機械が読み込むと停止する（図では終了を意味する 1 を書き込んでいる）．このときの移動機械の状態は，最初が Q_0 でセルから 1 を読み込むごとに $Q_1 \to Q_0 \to Q_1 \cdots$ と変わるので読み込んだ 1 の数が偶数個なら Q_0，奇数個なら Q_1 となりパリティチェック機能が実現できていることがわかる．この例は最も簡単な例題だが，考え方が独特であることは感じてもらえたと思う．四則演算はこれよりずっと複雑であるが，移動機械の行動を決める動作表を入れ替えることによって実行できることが示されている（文献 3）．

チューリングマシンは，残念ながら現在の計算機には生かされていない．しかし，この考え方は遺伝情報を読み込んでタンパク質を形成する機構と似通っている．もちろんこのモデルは二重らせん構造が解明される以前に提唱されており，チューリングの独創的なアイディアが現実世界を言い当てていたともいえるかもしれない．

11.2.2　チューリングモデル[4]

チューリングの研究業績として，もう一つ重要な仕事がある．それが動物の体表パターンを説明する数理モデルである．シマウマやヒョウの体表パターンは子供の頃から動物園で見かけるため，なじみが深い．また，水族館でエンゼルフィッシュのような独特のパターンにも親しんでいる．これらの縞模様ができる仕組みを解明する研究を以下に紹介する．

158   11. 生物の形づくり

チューリングは，このような体表パターンがなぜ決まるのかを 1952 年に数理モデルで示した。彼は，化学物質の反応系の濃度変化が体表パターンを決定すると考え，拡散項の入った偏微分方程式を提案した。ただしチューリングの時代では，コンピュータによる数値解析が困難なため，提案した数理モデルの性質を十分調べることができず，あまり注目されなかった。その後 Murray によりコンピュータシミュレーションにより種々の縞模様が生成できることが示された[5]。この時点である程度注目されたものの，単に生成パターンが似ているだけではないかという批判があった。しかし最近の研究で，チューリングモデルは詳細なパターン変化まで予測的に説明可能であることが確認されており[6]，チューリングの研究は再評価されている。この研究で使用される偏微分方程式は，扱いが面倒であるが基本的に式 (11.1)，(11.2) のような形をしている。

$$\frac{\partial A}{\partial t} = R_1(A, H) + D_1 \nabla^2 A \tag{11.1}$$

$$\frac{\partial H}{\partial t} = R_2(A, H) + D_2 \nabla^2 H \tag{11.2}$$

式中の A は活性パラメータ（activator），H は抑制パラメータ（inhibitor）であり，両者の時間的変化を数値解析で解いている。右辺第 1 項目の R_1，R_2 は A と H の入った関数式であり文献 5 では非線形関数が用いられているが，文献 6 では線形の式が用いられている[†]。右辺の第 2 項は，拡散現象を表す項であり D_1，D_2 は拡散係数である。ここではヒョウ柄のような 2 次元パターンなので，x と y 座標に関する 2 階の偏微分の式になっている。この方程式の挙動は解析的には解けず，数値解析が必要になる。偏微分方程式の数値シミュレーションは本書の範囲を超えるので解説しないが，興味のある方は文献 7 を参照いただきたい。

[†] 同等の現象を説明できるのなら数理モデルは簡単なほうがよい。

11.3 セルオートマトン　　159

11.2.3　ノイマンの自己複製機械

　ノイマンは，理工学分野に大きく貢献した人物である。その一つに今日のプログラム内蔵型コンピュータの基本構造を決定づけた功績があり，コンピュータの父と言われている。また別の方面で 1956 年頃に自己複製オートマトン理論を発表している。この理論は，「機械は自分自身を自己複製できるか」をテーマにして議論したものである。このテーマはとても興味深いが，ノイマンが展開した理論は難解である[8]。しかし，その後もっと簡単な条件設定で登場し，コンピュータの助けもあって注目されるようになった。次節では，この話題について紹介しよう。

11.3　セルオートマトン

　セルオートマトン（cellular automaton）は，字のとおり細胞に関係しており，オートマトンは自動機械を意味する。セルオートマトンの研究が注目されるようになったのは，後ほど紹介するライフゲームがきっかけとなっている。

　セルオートマトンには，以下の特徴がある[9]

・離散的格子点より構成される。
・離散的に時間発展をする。
・格子点のとりうる値は，有限個である。
・各格子点の値は，同一の決定論的な規則に従って，時間発展する。
・一つの格子点の値の時間発展は，その格子点の近傍だけで決まる。

　上記の特徴の中で特に格子点の挙動がローカルルールに基づいて決定されることが重要であり，大局的な情報を使わずに全体として所定の機能を実現させている。このようなシステムを自律分散システムという。

11.3.1　1 次元セルオートマトンの例

　セルオートマトンの簡単な例として 1 次元のセルオートマトンについて以下に示す。セルの状態は，箱の場所 n と時刻 t を使って $A_t(n)$ と表せる。**図 11.6**

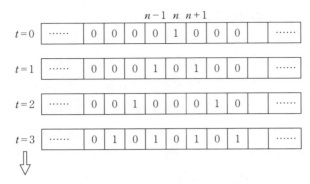

図 11.6 1次元のセルオートマトン（式 (11.3) に基づいて時間発展）

は，時刻 $t=0$ のときのセル $A_t(n)$：$n=1$, 2, 3…が直線上に並んだ状態を示している。これらのセルは，セルオートマトンの特徴から一つひとつが隣どうしの値を参照してつぎの時刻 $t=1$ の状態を決定する。

例えば，ローカルルールの規則として，式 (11.3) のルールを設定する。

$$A_{t+1}(n) = \mathrm{mod}\, 2\, \{A_t(n-1) + A_t(n+1)\} \tag{11.3}$$

この式は注目するセルである $A_t(n)$ の両隣にある $A_t(n-1)$ と $A_t(n+1)$ の値の和をとって2で割り，その余りをつぎの時刻 $t+1$ のセルの値とするという意味である。この操作をすべてのセルに対して行うと，つぎの時刻 $t+1$ のセルの値となる。ここで $t=0$ のときに中央のセル1個が値1を持っているとする。ほかはすべて0である。この初期状態で上記の計算をつぎつぎに行い，その1列のセルの値を時間経過が下方向になるように並べると**図 11.7** のようになる。非常に単純な演算であるにもかかわらず規則正しいパターンが発生している。この形はシェルピンスキーの三角形と呼ばれるフラクタルパターンである。

1次元セルオートマトンは時間発展して最終的なパターンに落ち着く。この例では安定したパターンが展開されるが，ローカルルールの設定の仕方によっては最終状態が予想できない場合もある[10]。

11.3 セルオートマトン

図 11.7　シェルピンスキーの三角形

11.3.2　2次元セルオートマトンの例：ライフゲーム[11]

つぎに2次元のセルオートマトンを紹介する。2次元では，セルは平面的に並ぶ配列となる。つぎの時刻のセルの挙動は，隣接するセルの情報から決定される。隣接情報の取り込みは2通り考えられ，注目するセルに対して上下左右の4個のセルか，周囲すべての8個のセルである。前者のセル情報の取り込み方は，最初にセルオートマトンを議論した人物にちなんでフォン・ノイマン近傍と呼ばれている（後者はムーア近傍）。

2次元のセルオートマトンの代表例は，1967年にConwayが提案した**ライフゲーム**（game of life）である。このセルオートマトンでは，周囲のセル8個の情報を参照する。つぎの時刻（世代）を決めるローカルルールは以下のとおりである。

ルール1：　隣接するセルが2個または3個存在するとき，生存。
ルール2：　隣接するセルが4個または1個以下のとき，死滅。
ルール3：　隣接するセルがちょうど3個のとき，空のます目にセルが誕生。

このルールの意味の解釈は，適度な空間に適度な密度で生物が存在すると，そこに個体が増える。しかし，多すぎると争いが起きてその箇所の個体数が減少する。また，少なすぎても孤立して個体は生きていけないという解釈ができる。

このルールで**図11.8**（a）のパターンを初期配置（これを時刻0とする）としてつぎの時刻の配置を求めていくと，図（b）のように時刻9と10のよう

11. 生物の形づくり

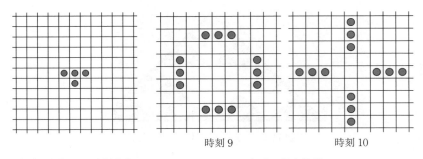

（a） 初期配置（時刻 0）　　　　　（b） 収束状態

図 11.8　セルオートマトン

になり，その後同じパターンの繰り返しになる（この変化は演習問題【11.1】で実際に確認してほしい）。このライフゲームは，発表当時大変な反響を呼び，セルのパターン変化が精力的に調べられた[11]。例えば，**図 11.9** の R ペントミノと呼ばれる初期配置では，約 1 000 世代にわたってさまざまにパターンが変化する。ライフゲームを実行するソフトウェアは，インターネットで容易に入手可能で，パターン変化を確認できるので試してみよう。Conway の設定した三つのルールが絶妙であることを実感できると思う。

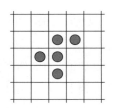

図 11.9　初期配置
（R ペントミノ）

セルオートマトンは，離散モデルとして有用であり，さまざまな研究分野で利用されている。特に，人や車など集団で移動するときの挙動は，セルオートマトンの考え方が役に立つ。また第 6 章で紹介した構造生成シミュレーション手法もセルオートマトンを意識した研究例である。

11.4 L システム

L システム（L-system）は，リンデンマイヤー（A. Lyndenmayer）が 1968
年に提唱した生物の形づくりの数理モデルである。生物の形づくりを視覚化し
ている点で興味深い。藻の発生過程として知られている例があるので，これを
紹介する[12),13)]。

L システムは，式（11.4）のように表現される。

$$(\Sigma, P, \omega) \tag{11.4}$$

ここで，Σ は細胞のタイプを記号化したセットであり

$$\Sigma = \{1, 2, 3, 4, 5, 6, 7, 8, (,)\} \tag{11.5}$$

である。細胞のタイプは 8 種類あり，括弧記号は細胞が枝分かれすること表し
ている。P は細胞タイプがどう遷移するかを決める書き換え規則で，L システ
ムの要の部分である。また，ω は初期配値である。

藻の形づくりを行う細胞のタイプと細胞の書き換え規則 P を**図 11.10** に示
す。例えば，細胞タイプ 1 は，つぎのステップで細胞タイプ 4 と 2 になり，細
胞タイプ 2 はつぎのステップで細胞タイプ 4 と 3 に変化する。また，細胞タイ
プ 7 では，つぎのステップで枝分かれして細胞タイプ 1 が生まれる。括弧の記
号も規則 P に入っている理由は，枝分かれした箇所はつぎのステップでも変

$$
\begin{aligned}
P = \{ & 1 \rightarrow 42 \\
& 2 \rightarrow 43 \\
& 3 \rightarrow 53 \\
& 4 \rightarrow 4 \\
& 5 \rightarrow 6 \\
& 6 \rightarrow 7 \\
& 7 \rightarrow 8 \, (1) \\
& 8 \rightarrow 8 \\
& (\rightarrow (\\
&) \rightarrow) \}
\end{aligned}
$$

図 11.10 藻の遷移規則

164   11. 生物の形づくり

> 植物の七不思議   番外編：黄金比

　大学の近くの道端で植物を1本取ってきた。インターネットで調べてみると，オオアレチノギクという雑草のようである。この植物は，茎に対して葉が，らせん状に配列している。このような葉の並び方をらせん葉序という。らせん葉序の配列については，黄金比と関係することが指摘されている。

　筆者も葉の付き方を**図1**（a）のように設定して，隣り合う葉の角度（開度）を測定してみた。すると図（b）のようなグラフが描けた。それぞれの開度の平均値は，138.5°となり，黄金比（約1.618）で1回転を分割する角度360°/(1+1.618)≈137.5°と驚くほど一致している。まるでこの植物が黄金比という目標値を知っているかのようである。

（a）　葉の付き方の測定

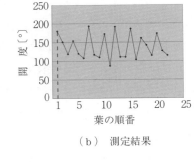
（b）　測定結果

（c）　先端部のX線CT画像

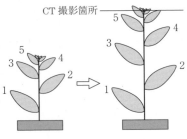
（d）　葉の生長

図1　植物の葉序の測定

　不思議に思って文献を調べてみると，葉の付き方は植物の先端部で決まるという説明があった[1]。実際にこの植物の先端部をX線CT装置で撮影してみると，図（c）のようにこれから生える葉が密集しているのがわかる。この葉の配置をたどっていくと，開度の平均値は138°となった。図（d）は，先端部で行儀よく収

まっていた葉が植物の生長とともに，らせん葉序となっていく様子を示している。

なぜ先端部で葉の配置が決まるかは，はっきり解明されていないが，葉のでき方に化学物質の濃度勾配が関係しているという説が文献2で紹介されている。また，ひまわりの種や松ぼっくりの実の配列も黄金比になっており，黄金比で配置するとコンパクトに収納できると説明されている[1]。

ここで紹介した植物の葉の付き方はらせん葉序であるが，葉の付き方には十字になっているものや，120°で付いているのもある。これらの植物も先端では，黄金比で行儀よく収まっているのだろうか。もし，収納性を優先しているなら図2（a）のような十字の葉の付き方（十字対生）や図（c）のような120°の葉の付き方（三輪対生）でも，先端部では黄金比かもしれない。公園でよく見かけるアベリアは，この二つの配置があるのでX線CT装置で先端部を撮影してみた。断層写真を図（b），（d）に示す。両方とも配置を保持していることがわかった。植物の世界も奥が深いと感じた。

（a）十字対生

（b）（a）のX線CT画像

（c）三輪対生

（d）（c）のX線CT画像

図2　アベリアの葉の付き方

〔参考文献〕
1) Roger V. Jean: Phyllotaxis -A Systemic Study in Plant Morphogenesis-, Cambridge University Press (2009)
2) 根岸利一郎：ひまわりの黄金比，日本評論社（2016）

化しないという意味である。

この規則によって形が変化する過程を**図 11.11** に示す。藻のような形のパターンができている。枝分かれの方向は，図 11.10 の規則 P には入っていないが，なるべく混み合わない空間に伸びるとして描いている。この例では単純な 2 次元パターンであるが容易に 3 次元に拡張できる。また，ルールを変更することで実際の樹木に近い形を生成することも可能である[14]。

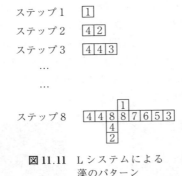

図 11.11 L システムによる藻のパターン

演 習 問 題

【11.1】 図 11.8（a）に示したライフゲームを 10 世代まで描きなさい。その後は振動的なパターンになることを確認しよう。

【11.2】 11.4 節で紹介した藻の L システムをステップ 10 まで描きなさい。

【11.3】 問図 11.1 は，枝の先端に花が咲く植物をイメージした書換え規則の例である[13]。ここでは細胞のタイプを文字で表している。枝分かれの方向は，2 種類の括弧記号で表し，右の枝分かれは「(,)」で左のほうは「[,]」である。枝の向きは規則に含まれていないが，60° としよう。また，枝の先端に花がついた状態になるのを H→F○，J→F○で表している。枝分かれの状態（括弧記号）と同様に花の記号もステップが進んでも変化しないとしている。初期値は A とする。

以上の設定条件でステップ 4 までの花序のパターンを問図 11.1 の右側に示すので，続きのステップ 8 までのパターンを描きなさい。ここまで描くと，枝の先端にすべて花が咲き，パターンが収束することがわかる。

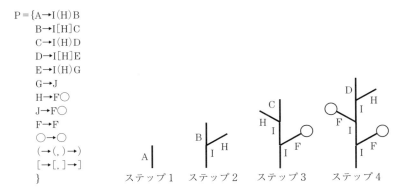

問図 11.1 書換え規則とステップ 4 までの花序のパターン

引用・参考文献

1) 梅谷陽二：生物工学 -基礎と方法-（エンジニアリング・サイエンス講座 34），共立出版（1977）（筆者の恩師が執筆された本で生物を工学的観点から議論する上で必要な方法論が広い視点で述べられている）
2) 石川辰夫：分子生物学入門，岩波書店（1982）
3) A. ヘイ，R. アレン編，原康夫，中山健，松田和典 共訳：ファインマン計算機科学，岩波書店（1999）（チューリングマシンの仕組みを詳しく解説したユニークな教科書）
4) A. M. Turing: The Chemical Basis of Morphogenesis, Philosophical Transactions of the Royal Society of London. Series B, Biological Sciences, Vol.**237**, No.641, pp.37-72（1952）
5) J. D. Murray: A Pre-pattern Formation Mechanism for Animal Coat Markings, Journal of Theoretical Biology, vol.**88**, pp.161-199（1981）
6) S. Kondo and R. Asai: A Reaction–diffusion Wave on the Skin of the Marine Angelfish Pomacanthus, Nature, Vol.**376** pp.765-768（1995）
7) H. Shoji, A. Mochizuki, Y. Iwasa, M. Hirata, T. Watanabe, S. Hioki and S. Kondo: Origin of Directionality in the Fish Stripe Pattern, Developmental Dynamics, Vol.**226**, No.4, pp.627-33（2003）
8) J. フォン・ノイマン 著，高橋秀俊 訳：自己増殖オートマトンの理論，岩波書店（1975）

168   11. 生物の形づくり

9) 高安秀樹：フラクタル，朝倉書店（1986）

10) S. Wolfram: Cellular Automata and Complexity, Addison-Wesley Publishing company（1994）（1次元セルオートマトンの挙動が詳細に調べられている）

11) ウィリアム・パウンドストーン 著，有澤誠 訳：ライフゲイムの宇宙，日本評論社（1990）

12) A. Lindenmyer: Mathematical Models for Cellular Interactions in Development, II. Simple and Branching Filaments with Two-sided Inputs, Journal of Theoretical Biology, Vol.18, pp.300-315（1968）（藻の形づくりを表現する数理モデルを提案）

13) 土居洋文：生物のかたちづくり，サイエンス社（1988）（生物の形態形成を表現するさまざまな数理的手法が解説。特にLシステムの記述はわかりやすく書かれている。本書はこの記述に従った）

14) P. Prusinkiewicz, A. Lindenmayer: The Algorithmic Beaty of Plants, Springer（1990）（Lシステムによって描かれたコンピュータグラフィックスの植物が多数掲載されている）

あ と が き

　筆者は，学部時代の卒業研究から生体工学関係の研究に従事しており，生物には人工物にはない様式美があると感じるようになった。同時に一筋縄では攻略できない対象だと痛感してきた。生物は不思議と疑問の宝庫である。このおもしろさを工学系の若い人たちに伝えられないだろうか。これが本書の執筆の動機である。

　本書は，生物を機械工学的観点から学ぶ入門書と位置づけているが，関連分野の知識の修得よりも初学者でも生物のおもしろさを学べることを念頭においている。本書の副題「数理モデルで生物の不思議に迫る」は工学的観点から生物を探求する方法を述べているが，確定した解答を提示しているわけではない。じっくり考えると新たな疑問がわいてくることを期待している。章末の演習問題には，理解度を確認する問題のほかに新たな疑問が生まれる問題も加えてみた。すっきりしない印象が残るかもしれないが，これを機会にいろいろなことに興味をもっていただきたいという趣旨である。

　本書で扱った題材の多くは，これまで研究者が発表した雑誌論文，あるいは生体関連の専門書，参考書から選んだものであり，この点では新規性はないが，生物特有の特徴を把握できるよう，構成を工夫したつもりである。ただし，筆者の力不足で単なる研究紹介の羅列，あるいは既存の書物の焼き直しに留まっていることを恐れるが，これは読者の判断にお任せする。願わくは，この学問分野のおもしろさを感じていただけたら幸いである。

　なお，本書は，恩師である梅谷陽二先生（東京工業大学名誉教授）が上梓された『生物工学』の続編としても意識した。恩師が俯瞰的に提示された生体工学分野の基本思想を具体的に示そうと企てたのである。これについてはどれだけ役割を担えているかは自信がないが，「一つの解」として受け取っていただければ，幸いである。

　2018 年 9 月

伊能 教夫

演習問題の解答

第1章

【1.1】 夏に実施した。葉が生い茂っている状況が枝にとって一番負担が大きく，最も力学的特徴が出やすいと考えられる。また最近，剪定した形跡がない枝を選んで計測したと記されている。これも枝の重量と関係する注意すべき点である。

【1.2】 対数軸上では上下方向にばらついてプロットされるが両対数軸の傾きには影響しない。

【1.3】 本章の数理モデルは生物体を質点の運動としているので，脚の動作を議論できない。図1.10では脚が伸展動作するように描かれているが，この特徴は数式には入っていない。特に脚の筋肉の付き方は動物によって異なるが，単純なモデルでは表現できない。

【1.4】 歩容の種類によって到着時間が異なる。早く到着したければギャロップ，それより少し遅くてもよければトロット，もっと時間がかかってもよければウォークでということになる。

【1.5】 脚で発生可能な単位時間当りのエネルギー P_w は

$$P_w = 筋力 × 収縮長さ（力が作用する距離）∝ L^3$$

となり，代表長さの3乗に比例する。一方，脚の往復運動で消費される単位時間当りのエネルギー P_K は脚の慣性モーメント I を使って $0.5 × I × \omega^2$ と表せる（第8章参照）。慣性モーメントは質量 M と代表長さ L の2乗の積なので，L^5 に比例する。したがって

$$P_K ∝ 慣性モーメント × \omega^2 ∝ L^5 \left(\frac{V}{L}\right)^2 = L^3 V^2$$

となる。$P_w = P_K$ より V（速度）は一定となることがわかる。つまり生物の重量に依存しない。

走行速度に上限があるのは筋肉の力学特性による。詳しくは第7章を参照していただきたい。

第2章

【2.1】 $m_{skel} ∝ d^2 l$，$M_b ∝ l^3$ と式（2.8）より d と l を消去すれば，$m_{skel} ∝ M_b^{4/3}$ のア

演 習 問 題 の 解 答　　171

ロメトリー式になる。つまり指数は 1.33 となる。

【2.2】　重力の影響が小さい水中に生息する動物では，幾何学的相似則が成立していることから地上に生活する哺乳動物では重力の影響が大きいことが重要な条件と考えられる。ただし，地上の動物もすべての骨が身体荷重を支えているわけではない。身体支持に関わらない骨では指数が 1 に近くなると予想され，平均値としては 1.33 よりも小さくなると考えられる。

【2.3】　高さ l，半径 r の円柱の表面積 S は，$S = 2\pi r^2 + 2\pi rl$ となり体積は，$V = \pi r^2 l$ である。ここで，体積を一定にしたときに最小面積となる r と l の関係を求める。つまり，生物は熱放散の少ない形になっていると仮定する。2 式から l を消去し，S を r で微分すると，$V \propto r^3$ の関係式が出るが自明である。つまり生物の体型を円柱形と設定しても熱放散の考え方では 0.75 乗則は説明できない。

【2.4】　人間の質量 M，直径 d，身長 l とする。ヒントの仮定から $M \propto d^2 l$，$P \propto dl$ となり，$P \propto M^{3/4}$ の関係を使って M / l^2 が定数となることが示せる。BMI の導出理由は論理的には矛盾（指数 0.75 は熱放散では説明できないのに適用）しており，厳密性に欠けるが，簡易的な使い方として広く利用されている。

【2.5】　スケーリング則は，異なる種の関係を示しており，同じ種では議論できない。

【2.6】　$\tau = k\mu \dfrac{du}{dy}$

k：比例定数である。式（4.15）も参照。

【2.7】　$f = k\left(\dfrac{\Delta p}{l}\right) \cdot \dfrac{r^4}{\mu}$

k：比例定数である。式（4.3）も参照。

【2.8】　次元解析を行うと，調理時間 T_c と肉の大きさを表すパラメータ D との間に $T_c \propto D^2$ の関係があることがわかる。$M \propto D^3$ であるので，$T_c \propto M^{2/3}$ である。これより，4 ポンドの肉で 80 分かかるので 6 ポンドの肉の調理時間は 104 分となる。したがって 1 ポンド当りの時間は 17.5 分である。

第 3 章

【3.1】　矛盾が生じる。骨の長さと直径の関係を議論した際には，生物体の質量は幾何学的相似則（代表長さの 3 乗）が成立するという前提で骨強度を基準にスケーリング則を導いた。一方，身体の方は体躯の座屈しやすさに着目してオイラーの弾性体の座屈条件よりスケーリング則を導いている。結果的に同じアロメトリー式になっているが，前提条件が異なることに注意する必要がある。弾性相似則では $d^2 \propto l^3$ の関係から $M_b \propto d^2 l$ から $d \propto M_b^{3/8}$，$l \propto M_b^{1/4}$ となる。この関係の範囲内であれば矛盾が生じないが $M_b \propto d^2 l \propto l^4$ として骨強度を議論しようとすると両

172   演 習 問 題 の 解 答

者の前提が衝突して矛盾が生じる。スケーリングではどの物理変数が現象と関わっているかをつねに注意する必要がある。

【3.2】 （1） 12.8 m である。$d^2 = kl^3$ に人間の d, l を代入し，$k = 0.165$ を求め，巨人の身長 10 m から胴囲が求まる。この値は，幾何学的増加よりもさらに 2.4 倍増になるのでかなり不格好な体型になる。

（2） 慣性モーメントは，$I \propto M_0 d^2$ と表せる。胴回りのトルクは考え方によって算出の式が異なるかもしれない。例えば

　　　発生するトルク $\propto$ 筋力×モーメント距離×身長

として，それぞれに比例した代表長さとすれば $T \propto d^2 dl$ と表せる。$I\alpha = T$ より $\alpha \propto d^{-1}$ となる。つまり，身長が 10 倍になると $d^2 \propto l^3$ の関係から角加速度 α は約 30 分の 1 になることがわかる。これは体の向きを変えようとした場合で比較してみると，同じ加速時間なら回転速度が人間よりも 30 倍遅い（機敏さがない）ということになる。

【3.3】 省略

【3.4】 省略

【3.5】 省略

第 4 章

【4.1】 省略

【4.2】 前半の分岐角度は α, β とも約 37.5°，後半の分岐角度は約 47°。

【4.3】 省略

第 5 章

【5.1】 たわみ量を基準：式 (5.18) より最小となる x を求めると $x = 1/\sqrt{2} \approx 0.707$ となる。これより $R/t \approx 3.4$ となる。また $M_\mathrm{m}/M_0 \approx 0.866$ で約 13 ％の材料軽減となる。後半の解答は省略。

【5.2】 衝撃荷重を基準：$\dfrac{M_\mathrm{m}}{M_0} = \dfrac{2 - x^2}{2(1 - x^4)}$ となるので，最小値となる x を求めると $x = \sqrt{2 - \sqrt{3}} \approx 0.518$ となる。これより，$R/t \approx 2.1$ である。$M_\mathrm{m}/M_0 \approx 0.933$ で約 7 ％の材料軽減となる。後半の解答は省略。

【5.3】 省略

【5.4】 省略

第 6 章

【6.1】 力学条件 1，2 で行った構造生成シミュレーションの結果を**解図 6.1** に示す。

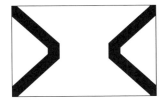 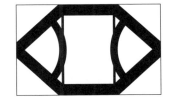

（a）力学条件1の場合　　　　（b）力学条件2の場合

解図 6.1 構造生成シミュレーションの結果

この構造だけが正解というわけではない。

【6.2】 ①のほう。コンクリートは引張荷重に弱いので，引張応力となる部分（断面の下側）を鉄筋で補強する。

【6.3】 同じ面積で比較すると長方形は 33 %ほど応力が小さい（断面係数は，正方形：$Z=a^3/6$，長方形：$Z=a^3/4$）。また，最大応力値が正方形断面と同じならば a は $(2/3)^{1/3}$ 倍となるので，面積では，$(2/3)^{2/3} \approx 0.76$ 倍となる。つまり約 24 %の軽減率となる。

【6.4】 （1）〜（3）は省略。
（4） 発生する最大応力を同じにした場合，円と楕円の面積比は $(2/3)^{1/3}$ となり，約 13 %の軽減率となる。

第7章

【7.1】 遊泳速度が遅くてよいならば，体表近くの側面に持続的に運動可能な筋肉（遅筋）を配置するのが効果的と考えられる。また，瞬発的な運動は身体全体で筋収縮する必要があるので，速筋は内側に配置されていると考えられる。

【7.2】 省略

【7.3】 投球時の運動は身体，肩，上腕，下腕，手，指からなる多関節リンクでモデル化できる。各関節が同時に動くことで先端の運動が加速される。1関節と2関節でモデル化して効果を確認してみよう。

第8章

【8.1】 y 方向の運動エネルギーのみ消費されるとすると

$$\varepsilon = \frac{\dfrac{1}{2}mv_0^2 \sin^2\theta}{mgl} = \frac{\dfrac{1}{2}\sin^2\theta}{2\sin\theta\cos\theta} = \frac{\tan\theta}{4}$$

【8.2】 省略

174   演習問題の解答

【8.3】 省略

【8.4】 約 200 J

【8.5】 約 0.21 （＝0.014×5 000×4.2/140×10×1）

【8.6】 省略

【8.7】 式 (8.23) より移動仕事率は増加するはずである。文献 8 では，重い荷物を頭に載せても歩行エネルギーを抑えて移動できる人たちが紹介されている。

第 9 章

【9.1】 半径 r の球面の中心に光源が置かれているとする。受光面積は $4\pi r^2$ であり，光源を取り囲む球面で受けるすべての光束は球面の半径によらず一定である。このため，単位面積当りでは面積が分母になるので光源からの距離の 2 乗に反比例する。

【9.2】 9.2.1 項より光のパワーは約 1.46×10^{-3} W なので，瞳の受光面積（5.02×10^{-5} m²）に相当する光のパワーは 7.33×10^{-8} W である。

【9.3】 555 nm の光子エネルギー 1 個のエネルギーは
$$E=hc/\lambda=6.67\times10^{-34}\times30\times10^{7}/(555\times10^{-9})\fallingdotseq3.6\times10^{-19} \text{ J}$$
したがって，$7.33\times10^{-8}\div3.6\times10^{-19}=2.04\times10^{11}$　（約 2 000 億個）である。

【9.4】 最小音圧時の 1 m² 当りのパワーは $I_0=(20\times10^{-6})^2/(1.2\times340)\fallingdotseq0.98\times10^{-12}$ W/m² となるので，1 cm² の鼓膜面で受けるパワーは 9.8×10^{-17} W。

このパワーを光子エネルギーに換算すると，$9.8\times10^{-17}\div3.6\times10^{-19}\fallingdotseq2.7\times10^{2}$ 〔個/s〕となる。

毎秒 300 個程度の光子エネルギーで音が聞こえることになる。

【9.5】 解像度と分解能という異なる評価を単純に加算していること。本来ならば重み付けの係数が必要。ただし，係数を決めるのは難しい。

【9.6】 省略

第 10 章

【10.1】 省略

【10.2】 省略

【10.3】 省略

【10.4】 省略

第 11 章

【11.1】 10 世代までのパターンは，**解図 11.1** のようになる。

演習問題の解答　175

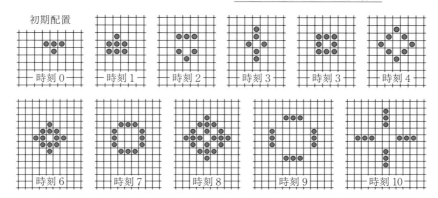

解図 11.1

【11.2】 ステップ 4 〜 10 のパターンを解図 11.2 に示す。
【11.3】 ステップ 5 〜 8 までのパターンを解図 11.3 に示す。

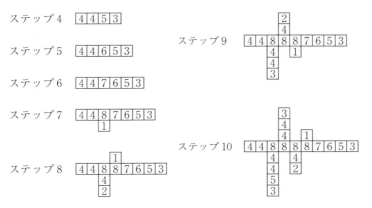

解図 11.2

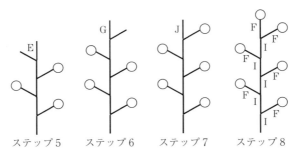

解図 11.3

索　引

【あ】

アロメトリー	23

【い】

位相構造	87
移動仕事率	103

【う】

馬の歩行	15
運動野	128

【え】

枝の 2.5 乗則	6
枝の法則性	6

【お】

オイラーの座屈条件式	47
横紋筋	94
応　力	6
音のパワー	121
音　圧	121
音圧レベル	121

【か】

海綿骨	65
ガリレオ・ガリレイ	24
感覚野	128
桿　体	123

【き】

幾何学的相似則	22
基礎代謝率	26
基礎代謝量	26
機能的適応	77

筋　肉	94
筋肉の熱定数	100

【け】

血管の 3 乗則	53
血管の分岐回数	42
血管の分岐角度	56

【こ】

光　子	123
光　束	119
光　度	119
合目的性	152
個　眼	129
骨格筋	94
骨芽細胞	79
コッホ曲線	48
コドン	153

【さ】

最小材料最大強度説	78
再神経支配	81
材料強度	7
材料力学	6
座屈モデル	38
サルコメア	95
三半規管	126

【し】

シグモイド曲線	140
次元解析	30
自己相似性	8
自己相似的	42
視細胞	123
支持機能	66

視神経	122
自由神経終末	128
重力加速度	14
樹木の枝分かれ	5
上位概念	40
照　度	119
ジョンストン器官	134
自律分散システム	83
心　筋	94
人口論	138

【す】

随意筋	95
水晶体	122
錐　体	123
数理モデル	3
スケーリング	13, 22
スケーリング則	22
ずり応力	58

【せ】

生長変形法	85
生物機械工学	1
セルオートマトン	159
センサ	118

【そ】

造血機能	66
側抑制結合	125
速　筋	96

【た】

大腿四頭筋	15
体表パターン	157
多峰性	88

索　　　　　引　　177

単位立体角	120	バイオニクス	3
弾性相似則モデル	37	バイオミメティクス	2
断面係数	7	バイオメカニクス	2
断面二次モーメント	7	バイオメカニズム	2
		バイオメトリクス	3

【ち】

【む】

無次元量　　　104

遅　筋　　96
緻密骨　　65
中枢システム　　83
チューリング　　155
チューリングマシン　　155
聴覚細胞　　126

ハーゲン・ポアズイユ流れ　　55
破骨細胞　　79
パチニー小体　　128
パリティチェック　　156
反復写像　　142

【め】

メルケル小体　　128

【も】

毛細血管　　42

【て】

【ひ】

【や】

定常状態　　145
伝搬速度　　31

光の回折　　132
ひずみ　　10
評価基準　　67

ヤング率　　11

【ら】

ライフゲーム　　161

【と】

【ふ】

【り】

等尺性　　98
等尺性収縮　　96
等張性収縮　　96
動物の跳躍高さ　　12

複　眼　　129
不随意筋　　95
フラクタル　　48
フラクタル構造　　42
フラクタル次元　　49
振り子の周期　　30
フレッチャーマンソンカーブ　　127
分析と総合　　152

離散力学系　　141
リボソーム　　153
リモデリング　　77
両対数軸　　23
輪郭抽出　　125

【な】

内臓筋　　94

【る】

ルフィニ小体　　128

【ね】

【ろ】

熱放散　　27

【へ】

ローカルルール　　83, 160, 161
ロジスティック関数　　139
ロジスティック曲線　　139
ロジスティック方程式　　139
ロード・レイリー法　　30

【の】

ノイマン　　155

平滑筋　　94
平衡点近傍　　145
ペンフィールドの図　　128

【は】

【ほ】

バイオインフォマティクス　3
バイオエンジニアリング　2
バイオテクノロジー　2

歩　容　　16

【A】		**【C】**		**【D】**	
allometry	23	cellular automaton	159	digital signal processor	131
analysis and synthesis	152	cobwebbing method	142	dimension analysis	30
				DNA	152

DSP　131

【F】

functional adaptation　77

【G】

Gabrielle-von Karman
　　ダイアグラム　104
Galileo Galilei　24
game of life　161
geometric similarity law　22

【H】

Hagen-Poiseuille flow　55

【L】

logistic curve　139
logistic equation　139
logistic function　139
Lord Rayley method　30
Lotka-Volterra 方程式　143
Lotka-Volterra equation　143
L-system　162
L システム　162

【M】

mathematical model　3
metabolic rate　26
MKS 単位系　104

【R】

remodeling　77
RNA　153

【S】

scaling　22
scaling law　22
self-similarity　8
sensor　118
SI 単位系　31
specific power　103
S 字曲線　140

【T】

Turing machine　155

――― 著者略歴 ―――

- 1976年　東京工業大学工学部機械物理工学科卒業
- 1978年　東京工業大学大学院理工学研究科修士課程修了（機械物理工学専攻）
- 1985年　工学博士（東京工業大学）
- 1989年　東京工業大学助教授
- 1994年　東京工業大学大学院助教授
- 2000年　東京工業大学大学院教授
　　　　　現在に至る

生物機械工学 ―数理モデルで生物の不思議に迫る―
Biomechanical Engineering
― Approach to Wonders of Living Things by Mathematical Models ―

Ⓒ Norio Inou 2018

2018年11月16日　初版第1刷発行　　　　　　　　　　　　　　★

検印省略	著　者　伊　能　教　夫	
	発行者　株式会社　コロナ社	
	代表者　牛来真也	
	印刷所　新日本印刷株式会社	
	製本所　有限会社　愛千製本所	

112-0011　東京都文京区千石 4-46-10
発行所　株式会社　コロナ社
CORONA PUBLISHING CO., LTD.
Tokyo Japan
振替00140-8-14844・電話(03)3941-3131(代)
ホームページ　http://www.coronasha.co.jp

ISBN 978-4-339-06757-6　C3045　Printed in Japan　　　　（柏原）

JCOPY <出版者著作権管理機構 委託出版物>
本書の無断複製は著作権法上での例外を除き禁じられています。複製される場合は，そのつど事前に，
出版者著作権管理機構（電話 03-3513-6969，FAX 03-3513-6979，e-mail: info@jcopy.or.jp）の許諾を
得てください。

本書のコピー，スキャン，デジタル化等の無断複製・転載は著作権法上での例外を除き禁じられています。
購入者以外の第三者による本書の電子データ化及び電子書籍化は，いかなる場合も認めていません。
落丁・乱丁はお取替えいたします。

計測・制御テクノロジーシリーズ

（各巻A5判，欠番は品切または未発行です）

■計測自動制御学会 編

配本順		書名	著者	頁	本体
1.	（9回）	計測技術の基礎	山﨑 弘郎 田中 充 共著	254	3600円
2.	（8回）	センシングのための情報と数理	出口 光一郎 本多 敏 共著	172	2400円
3.	（11回）	センサの基本と実用回路	中沢 信明 松井 利一 山田 功 共著	192	2800円
4.	（17回）	計測のための統計	寺本 顕武 椿 広計 共著	288	3900円
5.	（5回）	産業応用計測技術	黒森 健一他著	216	2900円
6.	（16回）	量子力学的手法による システムと制御	伊丹・松井 乾・全 共著	256	3400円
7.	（13回）	フィードバック制御	荒木 光彦 細江 繁幸 共著	200	2800円
9.	（15回）	システム同定	和田・大松 田中・奥 共著	264	3600円
11.	（4回）	プロセス制御	高津 春雄編著	232	3200円
13.	（6回）	ビークル	金井 喜美雄他著	230	3200円
15.	（7回）	信号処理入門	小畑 秀文 浜田 望 田村 安孝 共著	250	3400円
16.	（12回）	知識基盤社会のための 人工知能入門	國藤 進 中田 豊久 羽山 徹彩 共著	238	3000円
17.	（2回）	システム工学	中森 義輝著	238	3200円
19.	（3回）	システム制御のための数学	田村 捷利 武藤 康彦 笹川 徹史 共著	220	3000円
20.	（10回）	情報数学 ―組合せと整数および アルゴリズム解析の数学―	浅野 孝夫著	252	3300円
21.	（14回）	生体システム工学の基礎	福岡 豊 内山 孝憲 野村 泰伸 共著	252	3200円

定価は本体価格＋税です。
定価は変更されることがありますのでご了承下さい。

図書目録進呈◆

シミュレーション辞典

日本シミュレーション学会 編
A5判／452頁／本体9,000円／上製・箱入り

◆**編集委員長** 大石進一（早稲田大学）
◆**分 野 主 査** 山崎　憲（日本大学），寒川　光（芝浦工業大学），萩原一郎（東京工業大学），
　　　　　　　 矢部邦明（東京電力株式会社），小野　治（明治大学），古田一雄（東京大学），
　　　　　　　 小山田耕二（京都大学），佐藤拓朗（早稲田大学）
◆**分 野 幹 事** 奥田洋司（東京大学），宮本良之（産業技術総合研究所），
　　　　　　　 小俣　透（東京工業大学），勝野　徹（富士電機株式会社），
　　　　　　　 岡田英史（慶應義塾大学），和泉　潔（東京大学），岡本孝司（東京大学）

（編集委員会発足当時）

> シミュレーションの内容を共通基礎，電気・電子，機械，環境・エネルギー，生命・医療・
> 福祉，人間・社会，可視化，通信ネットワークの８つに区分し，シミュレーションの学理
> と技術に関する広範囲の内容について，1ページを1項目として約380項目をまとめた。

Ⅰ　**共通基礎**（数学基礎／数値解析／物理基礎／計測・制御／計算機システム）
Ⅱ　**電気・電子**（音　響／材　料／ナノテクノロジー／電磁界解析／VLSI設計）
Ⅲ　**機　　械**（材料力学・機械材料／材料加工／流体力学・熱工学／機械力学・計測制御・
　　　　　　生産システム／機素潤滑・ロボティクス・メカトロニクス／計算力学・設計
　　　　　　工学・感性工学・最適化／宇宙工学・交通物流）
Ⅳ　**環境・エネルギー**（地域・地球環境／防　災／エネルギー／都市計画）
Ⅴ　**生命・医療・福祉**（生命システム／生命情報／生体材料／医　療／福祉機械）
Ⅵ　**人間・社会**（認知・行動／社会システム／経済・金融／経営・生産／リスク・信頼性
　　　　　　／学習・教育／共　通）
Ⅶ　**可視化**（情報可視化／ビジュアルデータマイニング／ボリューム可視化／バーチャル
　　　　　リアリティ／シミュレーションベース可視化／シミュレーション検証のため
　　　　　の可視化）
Ⅷ　**通信ネットワーク**（ネットワーク／無線ネットワーク／通信方式）

本書の特徴

1. シミュレータのブラックボックス化に対処できるように，何をどのような原理でシミュ
レートしているかがわかることを目指している。そのために，数学と物理の基礎にまで立ち返っ
て解説している。

2. 各中項目は，その項目の基礎的事項をまとめており，１ページという簡潔さでその項目
の標準的な内容を提供している。

3. 各分野の導入解説として「分野・部門の手引き」を供し，ハンドブックとしての使用に
も耐えうること，すなわち，その導入解説に記される項目をピックアップして読むことで，
その分野の体系的な知識が身につくように配慮している。

4. 広範なシミュレーション分野を総合的に俯瞰することに注力している。広範な分野を総
合的に俯瞰することによって，予想もしなかった分野へ読者を招待することも意図している。

定価は本体価格＋税です。
定価は変更されることがありますのでご了承下さい。

図書目録進呈◆

技術英語・学術論文書き方関連書籍

ネイティブスピーカーも納得する技術英語表現
福岡俊道・Matthew Rooks 共著
A5／240頁／本体3,100円／並製

科学英語の書き方とプレゼンテーション（増補）
日本機械学会 編／石田幸男 編著
A5／208頁／本体2,300円／並製

続 科学英語の書き方とプレゼンテーション
－スライド・スピーチ・メールの実際－
日本機械学会 編／石田幸男 編著
A5／176頁／本体2,200円／並製

マスターしておきたい 技術英語の基本
－決定版－
Richard Cowell・佘 錦華 共著
A5／220頁／本体2,500円／並製

いざ国際舞台へ！ 理工系英語論文と口頭発表の実際
富山真知子・富山 健 共著
A5／176頁／本体2,200円／並製

科学技術英語論文の徹底添削
－ライティングレベルに対応した添削指導－
絹川麻理・塚本真也 共著
A5／200頁／本体2,400円／並製

技術レポート作成と発表の基礎技法（改訂版）
野中謙一郎・渡邉力夫・島野健仁郎・京相雅樹・白木尚人 共著
A5／166頁／本体2,000円／並製

Wordによる論文・技術文書・レポート作成術
－Word 2013/2010/2007 対応－
神谷幸宏 著
A5／138頁／本体1,800円／並製

知的な科学・技術文章の書き方
－実験リポート作成から学術論文構築まで－
中島利勝・塚本真也 共著
日本工学教育協会賞（著作賞）受賞
A5／244頁／本体1,900円／並製

知的な科学・技術文章の徹底演習
塚本真也 著
工学教育賞（日本工学教育協会）受賞
A5／206頁／本体1,800円／並製

定価は本体価格＋税です。
定価は変更されることがありますのでご了承下さい。

図書目録進呈◆